古城记忆

苏州古城 25 号街坊
"琴棋书画"
精品民宿建筑及城市设计

苏州大学、厦门大学、青岛理工大学建筑学专业联合毕业设计作品集（2018）

本书由江苏高校优势学科建设工程资助项目资助

主编　张　靓　申绍杰

编委　严　何　林育欣

　　　程　然

苏州大学出版社
Soochow University Press

图书在版编目(CIP)数据

古城记忆：苏州古城 25 号街坊"琴棋书画"精品民宿建筑及城市设计 / 张靓,申绍杰主编. —苏州：苏州大学出版社,2019.9
苏州大学、厦门大学、青岛理工大学建筑学专业联合毕业设计作品集:2018
ISBN 978-7-5672-2942-6

Ⅰ.①古… Ⅱ.①张… ②申…Ⅲ.①旅馆－建筑设计－作品集－中国－现代 ②城市空间－建筑设计－作品集－中国－现代 Ⅳ.①TU247.4②TU984.11

中国版本图书馆 CIP 数据核字(2019)第 197868 号

书　　名：古城记忆：苏州古城 25 号街坊"琴棋书画"精品民宿建筑及城市设计
主　　编：张　靓　申绍杰
策划编辑：刘　海
责任编辑：刘　海
装帧设计：吴　钰
出版发行：苏州大学出版社(Soochow University Press)
出 版 人：盛惠良
社　　址：苏州市十梓街 1 号　邮编：215006
印　　刷：苏州工业园区美柯乐制版印务有限责任公司
网　　址：www.sudapress.com
邮　　箱：sdcbs@suda.edu.cn
　　QQ：64826224
邮购热线：0512-67480030
销售热线：0512-67481020
开　　本：890 mm×1 240 mm　1/16　印张：7.25　字数：60 千
版　　次：2019 年 9 月第 1 版
印　　次：2019 年 9 月第 1 次印刷
书　　号：ISBN 978-7-5672-2942-6
定　　价：98.00 元

凡购本社图书发现印装错误，请与本社联系调换。服务热线：0512-67481020

序言

　　近几年，以建筑"老八校"为代表的一些大学所举办的建筑类专业联合毕业设计相继开展。2018年，厦门大学、青岛理工大学和苏州大学三校建筑学专业联合毕业设计正式启动。本次联合毕业设计旨在进一步开拓学生学术视野，促进多元文化城市背景下的建筑交流与思考，提高毕业设计的质量和水平。这也是我院继"四校四导师国家实验教学课题""四校城乡规划专业联合毕业设计"之后校际联合教学实践的重要拓展。担任首届三校联合毕业设计的召集院校，我院非常荣幸。

　　苏州历史悠久，人文荟萃，苏州古城是国家历史文化名城示范区，随着文旅融合发展理念的深入，苏州古城建设不断推出新举措，在重视古城整体保护的同时，强调老建筑的活化利用，强化城市慢生活的互动体验，有效整合古城宅街的历史人文资源，打造具有地域特色的旅游核心产品，进而激发古城活力。本次联合毕业设计课题是苏州古城保护开发建设过程中的一个真实题目，选址在苏州古城25号街坊，题目设定为"'琴棋书画'精品民宿建筑及城市设计"。以"古城记忆"为主题，将真题融入联合教学，有利于激发来自不同城市和文化背景的师生针对城市发展的焦点问题展开多元思考和实践尝试；同时，校际间师生的密切交流也有助于打破传统的设计教学围城，使其从传统单一的"教学相长"模式转换为校际协同育人模式。我们相信，这样的交流切磋会不断提高师生教与学的水平。

　　苏州大学金螳螂建筑学院秉承"匠心筑品"之院训，始终坚持国际化、职业化的办学方向，在探索校企合作培养设计类人才的新发展模式中走出了自身特色。本次三校联合毕业设计，不仅为我们提供了向兄弟院校学习的好机会，也为我们共同促进建筑设计的教学改革提供了好的平台。

　　本书所收录的成果充分展示了学生从开题调研、中期评图到终期答辩的全过程，通过对学生作业及教学组织过程和环节的展示，探索和诠释实现古城记忆的多种手法和可能性。三校学生作业表现出风格迥异的设计和表达手法，充分展现了学生对于该课题的多角度、多维度理解。本书正是旨在通过这种差异化的展示来体现联合设计教学的过程和收获。

　　就在本书付梓之际，欣闻2019年长安大学将加入，为我们的联合毕业设计教学注入一股新的力量，从而使原来的三校联合毕业设计发展为名城四校建筑学专业联合毕业设计。我院将继续积极参加并支持联合教学，与兄弟院校一起探索建筑设计创新实践的教学模式。

苏州大学金螳螂建筑学院院长、教授、博士生导师

吴永发

2018年12月于独墅湖畔

目录

2018

青岛理工大学
Qingdao University of Techonology

设计任务书

序言

2018 年，为进一步开拓高校学生视野，提高学生毕业设计的质量和水平，促进多元文化的交流和发展，苏州大学、青岛理工大学、厦门大学三所大学（排名以首字笔画为序）的建筑学院共同举办首届三校建筑学专业联合毕业设计。联合毕业设计由三校轮值举办，首届联合毕业设计由苏州大学金螳螂建筑学院承办，设计基地在苏州。

一、设计任务背景

1. 苏州历史简介

苏州，地处长江三角洲地区，位于江苏省东南部，古称"吴郡"，至今已有 2500 多年历史，是中国首批 24 座国家历史文化名城之一，也是吴文化的发祥地。苏州古城始建于公元前 514 年的吴王阖闾时期，又因城西南有山曰姑苏，于隋开皇九年（589）更名为"苏州"。苏州曾作为江南的区域中心城市发展了很多年。

苏州历史悠久，人文荟萃，以"上有天堂，下有苏杭"而闻名海内外，"甲江南"的苏州园林秀丽而典雅，拥有被称为"东方威尼斯"的小桥流水人家城市风貌，是享有世界声誉的旅游城市。

2. 古城发展更新

苏州市近年来大力推动全域旅游，积极发挥古城旅游核极作用，以古城旅游示范区为品牌引领，整合古街、古宅、博物馆、艺术馆等历史人文资源，鼓励开发以文旅融合为主线、强化"苏式生活"互动体验的旅游产品，打造代表苏州特色的全域旅游核心体验区。接下来，苏州要完善出台推进文旅深度融合发展的实施意见和相关扶持政策，引导推出精品住宿、夜间旅游产品等体现文旅深度融合趋势、满足深度体验需要的特色产品。古城区将打造苏式生活体验中心、多条特色商业景观带、主题广场、精品民宿……苏州市规划局于 2017 年先后公布了 50 余个古城街坊的城市设计任务，本次设计项目"琴棋书画"精品民宿建筑及城市设计基地就位于公布的古城 25 号街坊内。

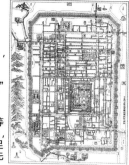

南宋绍定二年（1229）平江图

二、古城 25 号街坊的区位及规划

古城 25 号街坊位于苏州古城区内，规划基地东至人民路，西至养育巷，南至干将路，北至景德路，总用地约 29.70 公顷。街坊内有著名的世界文化遗产——怡园，以及俞樾故居、吴云故居、听枫园、鹤园、怡园历史街区等历史文化遗迹。（图 1）根据规划，25 号街坊总体将形成"两片、三横、一纵、多点"的设计结构。（图 2）

"两片"，是指街坊现状以新春巷为界，呈现两块不同特色的功能片，新春巷以西片以老苏州特色居住功能为主，新春巷以东片以经典小型园林、琴、棋、书、画等老苏州特色文化产业为主。

"三横"，是指对东西向的三条重要街巷，即马医科巷、宜多宾巷（韩家巷）以及嘉余坊（金太史巷）与人民路的交叉口进行设计，提升入口标识性，同时依托此三条街巷引导慢生活、度假、文化创意等功能，强化街区窗口特色。

"一纵"，即疏通正对城隍庙的神道街向南延伸至金太史巷，在其两侧提高文化功能比例，提高城隍庙和历史街区的融合度。

"多点"，即依托上述主街巷创设富有特色、强调参与的主题广场。

功能布局上，25 号街坊主要有商业片区、文化创意街区以及居住社区三大功能块。新春巷以西以居住功能为主；新春巷以东以商业、办公、文化创意、主题民宿、文化培训等功能为主。怡园历史街区将充分发展与琴、棋、书、画文化相关的业态，引入文化创意功能等。

图 1　街坊区位图

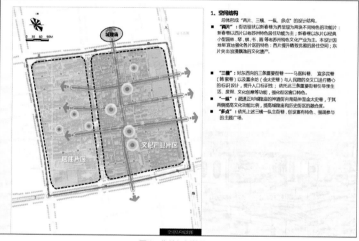

图 2　街坊规划结构图

三、设计场地环境

"琴棋书画"精品民宿建筑及城市设计基地 25 号街坊中间南部灰色预留地块（图 3），在干将路与庆元坊交叉口西北。该地块原为草桥中学，现已搬迁，周边有民居、商业用房、文保单位等；场地周边 1 公里范围内有 4 号线、1 号线的 3 个地铁站。（图 4）

图 3　街坊现状用地图

图 4　基地（原草桥中学）及周边现状图

四、"琴棋书画"精品民宿建筑及城市设计要求

1. 场地占地面积约 17870 m²；容积率 0.6~0.8；建筑限高 15 米。退周边现有建筑不小于 8 米，考虑好消防安全；建筑退干将路 15 米、退庆元坊 12 米、退其他街巷 8 米。（图 5）

2. 城市设计要和上位规划相符合，要考虑好城市公共空间组织的衔接，突出"琴棋书画"的主题；设计要做好广场、街巷、绿化等开放空间的组织，积极协调好与周边环境的关系，使之能够吸引具有传统文化情怀的游客，增强特色文化的传播面。精品民宿要强化街坊文化与园林特色。

3. 精品民宿分为四个，分别以"琴""棋""书""画"为主题，定位中高端旅游人群。民宿部分要占到总建筑面积的 85% 以上，除正常的门厅交通以及客房空间外，民宿单体设计还应包含餐饮、展示、表演、交流及活动部分，面积控制在民宿单体的 25% 左右。餐饮须处理好厨房设计，以减少对周边环境的不良影响。沿街可以设计部分售卖型商业，但面积不超过总建筑面积的 15%，且须将经营范围限制在"琴""棋""书""画"类主题商品之内，必须和设计建筑及周边环境融为一体。

4. 停车位按照计容面积 1 辆 /100m² 设置，其中地面临时公共车位按照总停车位的 10%~15% 设计，其余的 85%~90% 为地下停车位。地下车库建筑面积不计入容积率。

图 5 基地及用地红线图

五、成果要求

1. 毕业设计成果内容及图纸表达要求
1.1 图纸表达要求
　　每人 / 组不少于 4 张 A1 标准图纸（图纸内容要求图文并茂，文字大小要满足出版的要求）。方案内容至少包括设计构思分析、城市设计分析、交通流线分析等各项分析图；总平面、各层平面、主要立面（不少于 2 个）、剖面等主要空间家具布置、实物模型表现、关键节点设计、总体鸟瞰及室内外空间透视效果图等。
1.2 方案文本表达要求
　　文本内容包括文字说明（前期研究、建筑意向、设计构思、空间组织、总体布局、环境设计、经济技术指标控制等内容）、图纸（至少满足图纸表达要求的内容）。A3 文本要注意图纸排版和文字大小的控制，务必表达清晰、效果清楚，要达到印刷出版的要求。
1.3 PPT 汇报文件制作要求
　　毕业答辩 PPT 汇报时间不超过 20 分钟，汇报内容至少包括基地情况分析、城市环境设计、空间流线组织、综合分析、方案主题表达、设计细节等内容，汇报须简明扼要，突出重点。
2. 组织形式
　　独立或以 2 人为一个设计小组，共同完成本次设计。
3. 毕业设计时间安排表
　　请各校在制订联合毕业设计教学计划时遵照执行。

阶段	时间	地点	内容	形式
第一阶段：开题及调研	第 1 周 （3 月 4—5 日，周一—周二） 3 日报到，6 日离开	苏州大学金螳螂建筑学院	采取混编大组的形式，以大组为单位对基地进行综合调研	联合工作坊
第二阶段：方案阶段	第 2—5 周	各自学校	包括背景研究、区位分析、城市设计、案例借鉴、方案设计等内容	每个学校自定
中期检查	第 6 周 （4 月 14—15 日、周六—周日） 13 日报到，16 日离开	厦门大学建筑学院	汇报内容包括综合分析、总平布局、空间环境形态、城市设计、平面功能等的初步方案等	以设计小组为单位汇报交流，PPT 时间控制在 15 分钟以内
第三阶段：设计深化及成果表达阶段	第 7—10 周	各自学校	调整优化方案，并开展节点设计、建筑意向、鸟瞰图、透视图及城市设计导则、实体模型等内容	每个学校自定
成果答辩	第 10 周 （5 月 18—19 日，周六—周日） 17 日报到，20 日离开	青岛理工大学建筑学院	汇报 PPT、A1 标准图纸和 1 套规划文本。其中图纸包括区位、基地现状分析、设计构思分析、城市设计、总平面、各项分析图、建筑（平立）剖面、细节及关键节点设计等；构造节点设计、鸟瞰及室内外空间透视效果图等	以设计小组为单位进行答辩。文本图册部分可图文并茂混排也可图文分排，打印装订格式各校自定。汇报时间控制在 20 分钟内，每名成员均须汇报

中期汇报成果
INTERIM
REPORT RESULTS

[曲廊转山]
——"琴棋书画"主题民宿设计

如何营造现代的园林场所,传承苏州民居建筑体验?

March 2018 – April 2018
Auto CAD, Sketch Up, Rhino, Photoshop, Illustrator, InDesign
设计者:李嘉康 凌 泽
导师:张 靓

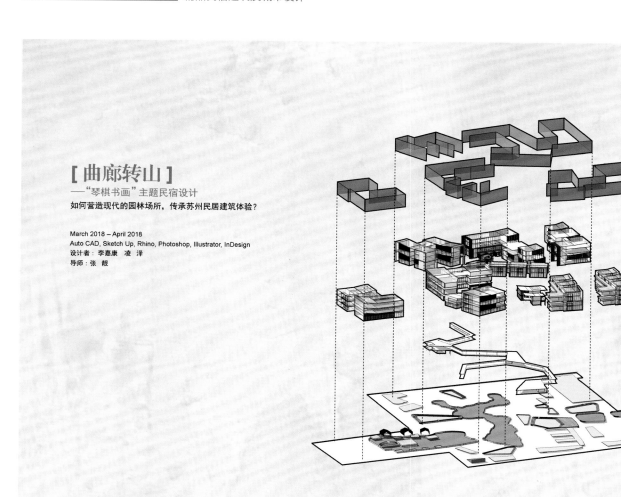

Site analysis 场地分析

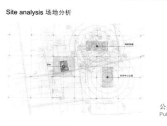

公共场所
Public sites

Site analysis 场地分析

周边旅馆
Surrounding hotels

Site analysis 场地分析

车行流线
Car circulation

Site analysis 场地分析

人行流线
Perdestrian circulation

Site analysis 场地分析

场地区位
Project location

Projection design 方案设计

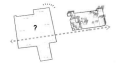

方案介入
Now connection

Yi garden analysis 怡园分析

封闭
Limited

开放
Open

Yi garden analysis 怡园分析

元素提取
Inspiration from

Place reconstrudtion 场所改造

人车分流
Devided blocks

Place reconstrudtion 场所改造

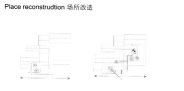

口袋花园
Small gardens

Place reconstruction 场所改造

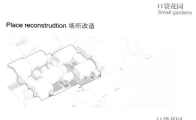

口袋花园
Small gardens

Place reconstrudtion 场所改造

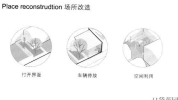

打开界面　车辆停放　空间利用

口袋花园
Small gardens

小组成员:李嘉康 凌 泽

[曲廊转山]

——"琴棋书画"主题民宿设计

如何营造现代的园林场所，传承苏州民居建筑体验？

March 2018 — April 2018
Auto CAD, Sketch Up, Rhino, Photoshop, Illustrator, InDesign
设计者：李嘉康，凌 泽
导师：张 靓

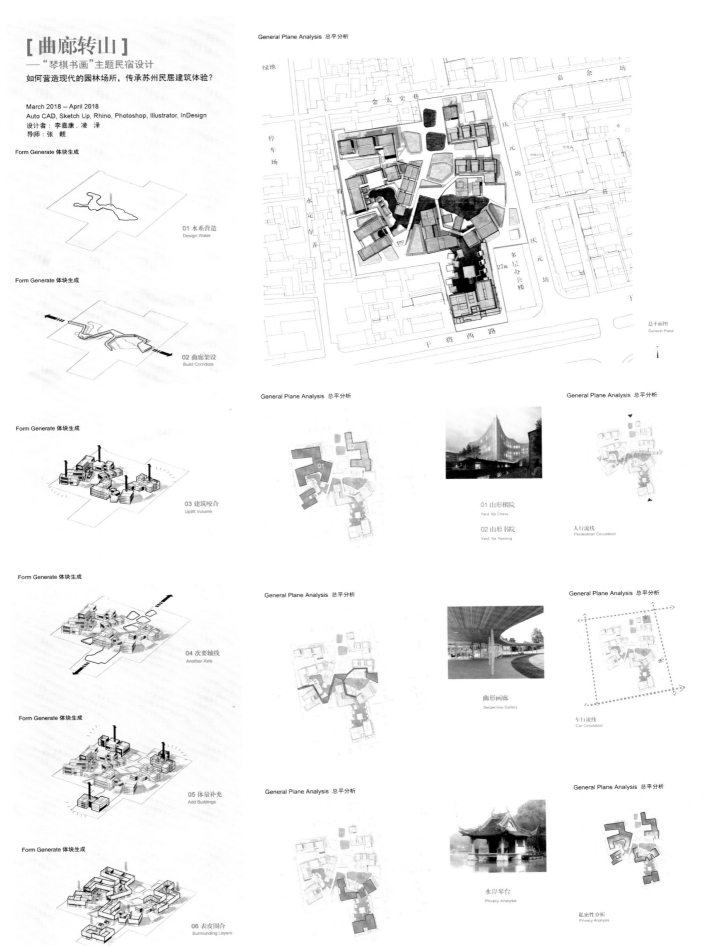

Form Generate 体块生成

01 水系营造
Design Water

Form Generate 体块生成

02 曲廊架设
Build Corridors

Form Generate 体块生成

03 建筑咬合
Uplift Volume

Form Generate 体块生成

04 次要轴线
Another Axis

Form Generate 体块生成

05 体量补充
Add Buildings

Form Generate 体块生成

06 表皮围合
Surrounding Layers

General Plane Analysis 总平分析

总平面图
General Plane

General Plane Analysis 总平分析

General Plane Analysis 总平分析

01 山形棋院
Yard for Chess

02 山形书院
Yard for Reading

人行流线
Perdestrian Circulation

General Plane Analysis 总平分析

General Plane Analysis 总平分析

曲形画廊
Serpentine Gallery

车行流线
Car Circulation

General Plane Analysis 总平分析

General Plane Analysis 总平分析

水岸琴台
Privacy Analysis

私密性分析
Privacy Analysis

006

小组成员：李嘉康　凌 泽

苏州精品民宿设计
——"琴棋书画"

苏州大学金螳螂建筑学院　　权文慧　刘玉杰

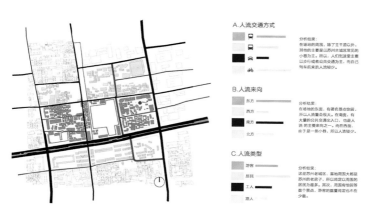

A.人流交通方式

分析结果:
在场地的周围,除了主干道以外,其他的主要是以苏州古城区常见的小巷为主。所以,人们到这里是主要以步行或者公共交通为主,而自己驾车前来的人流较少。

B.人流来向

东方
西方
南方
北方

分析结果:
在场地的东面,有著名景点怡园,所以人流会很大。在南面,有大量的公共交通出入口,也是人流的主要来向之一。而在西面,由于是一条小巷,所以人流较少。

C.人流类型

游客
居民
工人

分析结果:
该是苏州的老城区,基地周围大都是苏州的老房子,所以肯定以周围的居民为最多。其次,周围有怡园等几个景点,游客的数量肯定也不在少数。

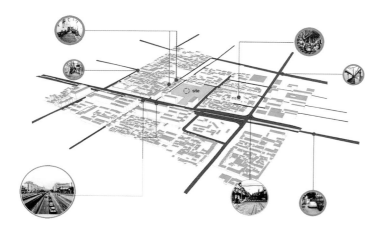

- 苏州园林鲜明的组团式布局方式

- 苏州园林独具特色的围合式的中心核心景观区域

- 苏州园林组团内部围合式的布局

- 苏州园林的特色长廊

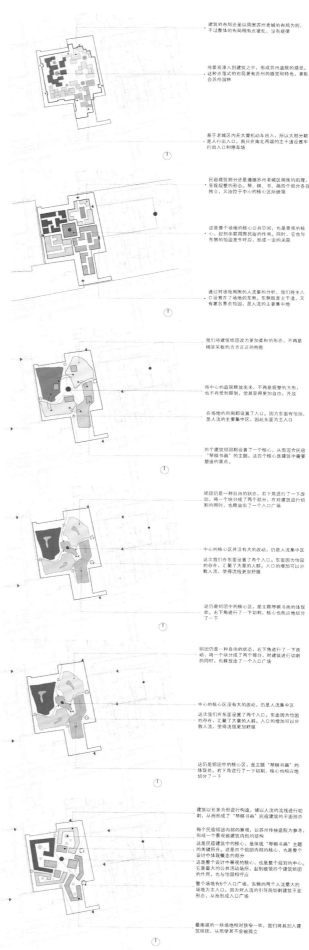

小组成员:权文慧　　刘玉杰

苏州精品民宿设计
——"琴棋书画"

苏州大学金螳螂建筑学院　权文慧　刘玉杰

外围景观系统的布局完全依附于
我们建筑系统的平面布局。外围
景观系统更加强了人流的引导性，
顺着建筑的走势形成了五个入口
广场

水系构成了组团内部的景观系统，
内部景观的布局也是顺着建筑的
走势；同时，水系一样会将人流
指引向场地中心的核心景观区

"琴""棋""书""画"四个民宿组团
的核心所组成的系统，四个核心概
各自统领看自己的组团，又互相联
系，以中心景观为核心，组成一个
核心活动区系统

"琴""棋""书""画"四部分的主
题民宿组团系统各自独立，形成自
己内部的景观系统，又由中心核心
区所统领，形成整个场地的建筑系
统

小组成员：权文慧　刘玉杰

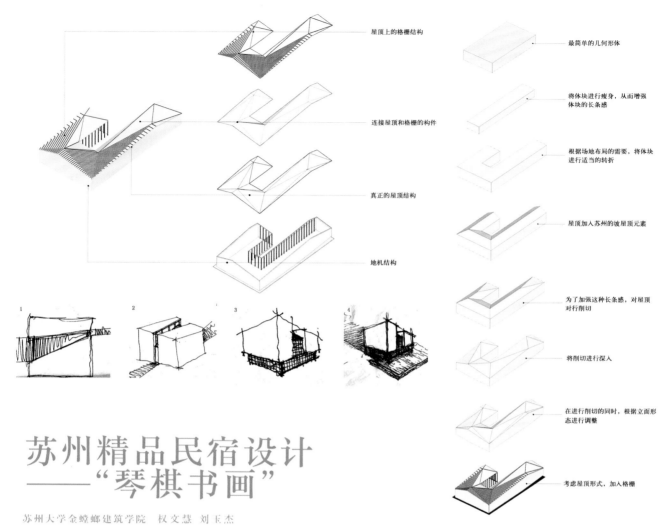

屋顶上的格栅结构

最简单的几何形体

连接屋顶和格栅的构件

将体块进行瘦身，从而增强体块的长条感

真正的屋顶结构

根据场地布局的需要，将体块进行适当的转折

地机结构

屋顶加入苏州的坡屋顶元素

为了加强这种长条感，对屋顶对行削切

将削切进行深入

在进行削切的同时，根据立面形态进行调整

考虑屋顶形式，加入格栅

苏州精品民宿设计
——"琴棋书画"

苏州大学金螳螂建筑学院　权文慧　刘玉杰

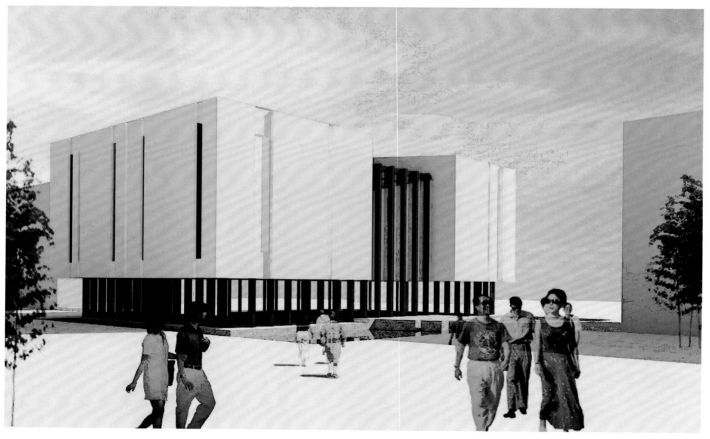

小组成员：权文慧　刘玉杰

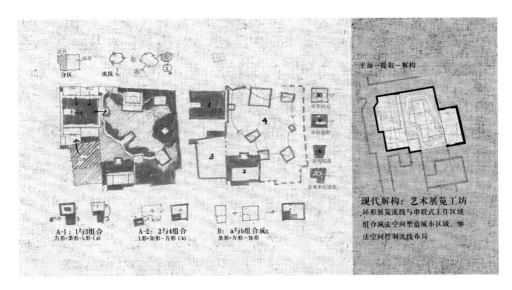

退思园：旱舫与游览
（先减法后加法）

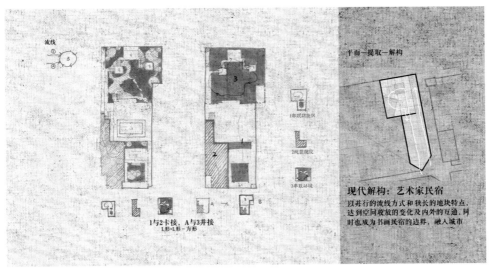

环秀山庄：创作、展览与居住
（消解负形空间）

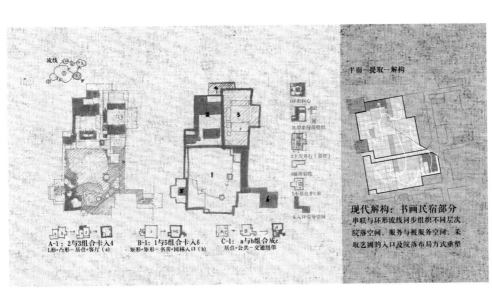

艺圃：咫尺天地——园居与游览
（互含、多块组织）

园林再构：
园林、原型、现代解读

苏州大学金螳螂建筑学院
小组成员：景 玥、姜哲惠
日期：2018年4月14日

小组成员：景 玥 姜哲惠

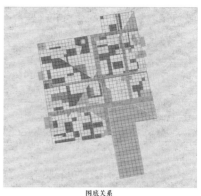

阴：消极点

S ——→ N ——→ E

图底关系
院落层次：城市—公共—共享—私有

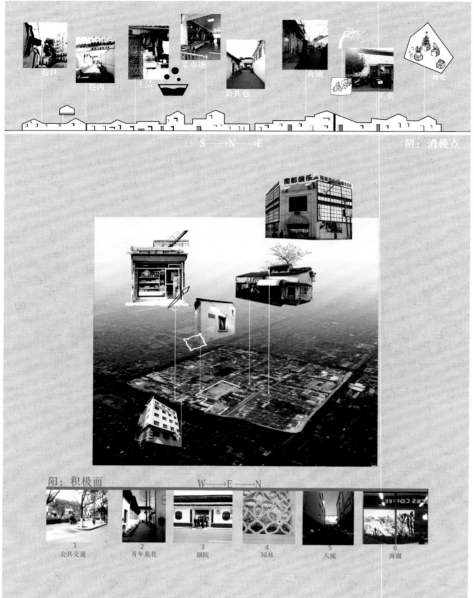

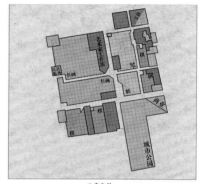

元素分块
基本形：L 凸口 回

阳：积极面

W ——→ E ——→ N

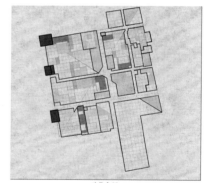

功能分区
居住 公共（艺术）辅助 交通

1	2	3	4	5	6
公共交通	青年旅社	剧院	园林	人流	商圈

011

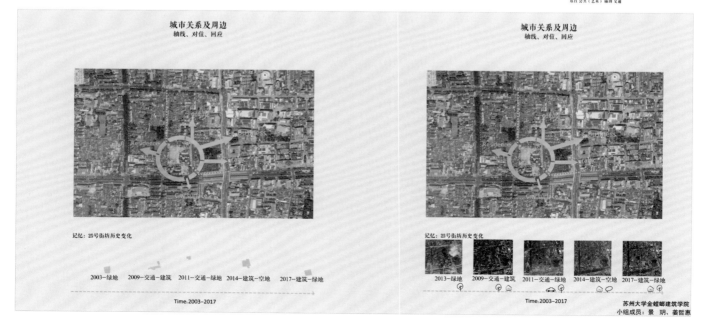

城市关系及周边
轴线、对位、回应

记忆：25号街坊历史变化

2003—绿地　2009—交通-建筑　2011—交通-绿地　2014—建筑-空地　2017—建筑-绿地

Time: 2003~2017

城市关系及周边
轴线、对位、回应

记忆：25号街坊历史变化

2013—绿地　2009—交通-建筑　2011—交通-绿地　2014—建筑-空地　2017—建筑-绿地

Time: 2003~2017

苏州大学金螳螂建筑学院
小组成员：景　玥、姜哲惠

小组成员：景　玥　姜哲惠

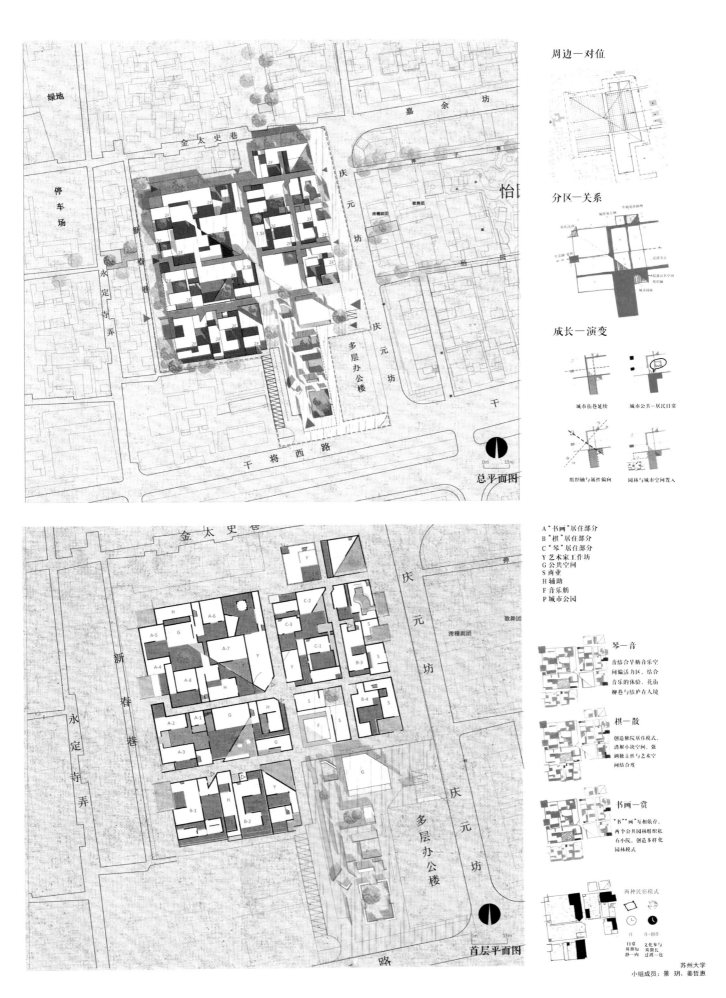

绿地

停车场

嘉余坊

金太史巷

怡园

庆元坊

滑稽剧团

歌舞团

庆元坊

多层办公楼

新春巷

永定寺弄

干将西路

总平面图

0m　15m

周边一对位

分区一关系

城市主轴路网络
历代法合
院落公共空间
组团
生活轴延续
过渡节点
城市园林

成长一演变

城市街巷延续　　城市公共一居民日常

组团轴与居性偏向　　园林与城市空间置入

A "书画" 居住部分
B "棋" 居住部分
C "琴" 居住部分
Y 艺术家 I 作坊
G 公共空间
S 商业
H 辅助
F 音乐舫
P 城市公园

金太史巷

庆元坊

歌舞团

滑稽剧团

庆元坊

多层办公楼

新春巷

永定寺弄

首层平面图

0m　15m

琴一音

音结合旱舫音乐空
间偏活力区，结合
音乐的体验，花街
柳巷与结庐在人境

棋一散

创造独院居住模式，
消解小块空间，强
调独立性与艺术空
间结合度

书画一赏

"书""画"互相依存，
两个公共园林组织私
有小院，创造多样化
园林模式

两种民宿模式

日常　　文化参与
周照知　　周照长
静一内　　过渡一包

苏州大学
小组成员：景 玥、姜哲惠

012

小组成员：景　玥　姜哲惠

坊间

苏州大学金螳螂建筑学院
小组成员：杨 琼 都乐琳
日期：2018年4月14日

Site Surrounding Relic Analysis/ 场地周边遗迹分析

① 曲园　　② 古建筑保护小组　　③ 救国里文物保护单位
④ 俞樾故居　⑤ 吴云宅园　　　　⑥ 怡园　　⑦ 凌云楼

Peripheral Road of the Site/ 场地周边道路分析

① 金太史巷现状　② 金太史巷停车　③ 新春巷现状　④ 永定寺弄商业
⑤ 滑稽剧院　　　⑥ 风筝协会　　　⑦ 干将西路现状　⑧ 金角现状

Location Analysis/ 区位分析

江苏省

苏州市

基地

察院场社区

The Government Plan/ 政府规划

两片：指街坊现状以新春巷为界，呈现两块不同特色功能片，新春巷以西片以居住功能为主，新春巷以东片以小型园林、琴棋书画等经典老苏州特色文化产业为主

三横：指东西向的三条重要街巷、即马医科巷、宜多宾巷（韩家巷）及嘉余坊（金太史巷）

一纵：即疏通正对城隍庙的神道街向南延伸至金太史巷，在其两侧提高文化功能比例，提高城隍庙和历史街区的融合度

013

Analysis of the Crowd around the Site/ 场地周边人流分析

Analysis of the Group/ 组团分析

Analysis of the Axis/ 轴线分析

Site Planning/ 总平面设计

Plane Design of each Layer/ 各层平面设计

Analysis of the Generate/ 生成分析

坊　间

苏州大学金螳螂建筑学院
小组成员：杨　琼　都乐琳
日期：2018年4月14日

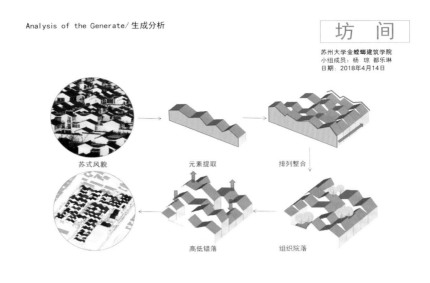

苏式风貌　　元素提取　　排列整合

高低错落　　组织院落

Three-stage Courtyard System/ 三级院落体系

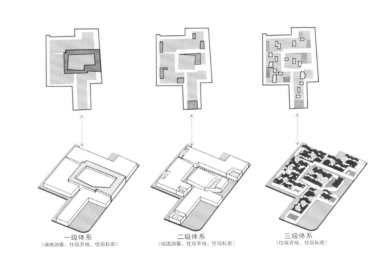

一级体系　　　　　二级体系　　　　　三级体系
(场地游客、住宿开放、住宿私密)　(组团游客、住宿开放、住宿私密)　(住宿开放、住宿私密)

Characteristic Space Design/ 特色空间设计

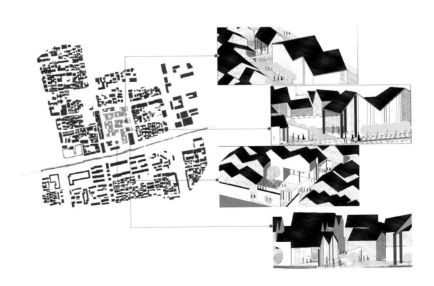

小组成员：杨　琼　都乐琳

苏州精品民宿设计中期汇报

厦门大学建筑与土木工程学院
汇报人：陈咏雯　解麒华

1. 任务书分析

经济技术指标

场地面积（㎡）	17870
总建筑面积（㎡）	12500(10722~14296)
其中：沿街商业面积（㎡）	1375
民宿总面积（㎡）	10625 (9113~12152)
其中：住宿面积（㎡）	8000
公共面积（㎡）	2000
停车位（个）	125
其中：地面停车（个）	15
地下停车（个）	110

民宿解读

所谓民宿，不同于传统意义的酒店或旅馆，其根本在于"体验"二字。民宿的灵魂在于人情味，旅客入住民宿不仅仅是想要得到酒店式的基础设施服务，更多的是因为对当地生活有一种探究式的向往，他们更看中的是民宿所提供的情趣意境一群志同道合的朋友在一个温馨的地方共创长长久久的回忆。

民宿解读

2. 场地分析

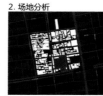

城市肌理

2. 场地分析

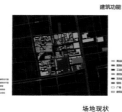

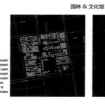
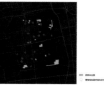

交通分级　　建筑功能　　园林 & 文化馆

场地现状

3. 概念分析

琴 - 棋 - 书 - 画

总体概念

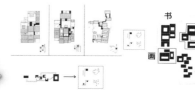

院子分级：A 公共院（主题院）—房客 + 游人 ；B 半公共院（主题休闲院）—各主题房客 ；C 私密院（独享院）—本主题房客

院子概念　　游园序列　　组团概念

组团概念

民宿组团内部组织方式——苏州传统民居

拙政园　网师园　狮子林　环秀山庄
沧浪亭　怡园　棋园　畅园

民宿组团内部组织方式——苏州私家园林

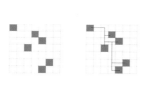

民宿组团内部组织方式——"琴棋书画"主题

组团之间——街巷与园子

纵向　横向　纵横交错

小组成员：陈咏雯　解麒华

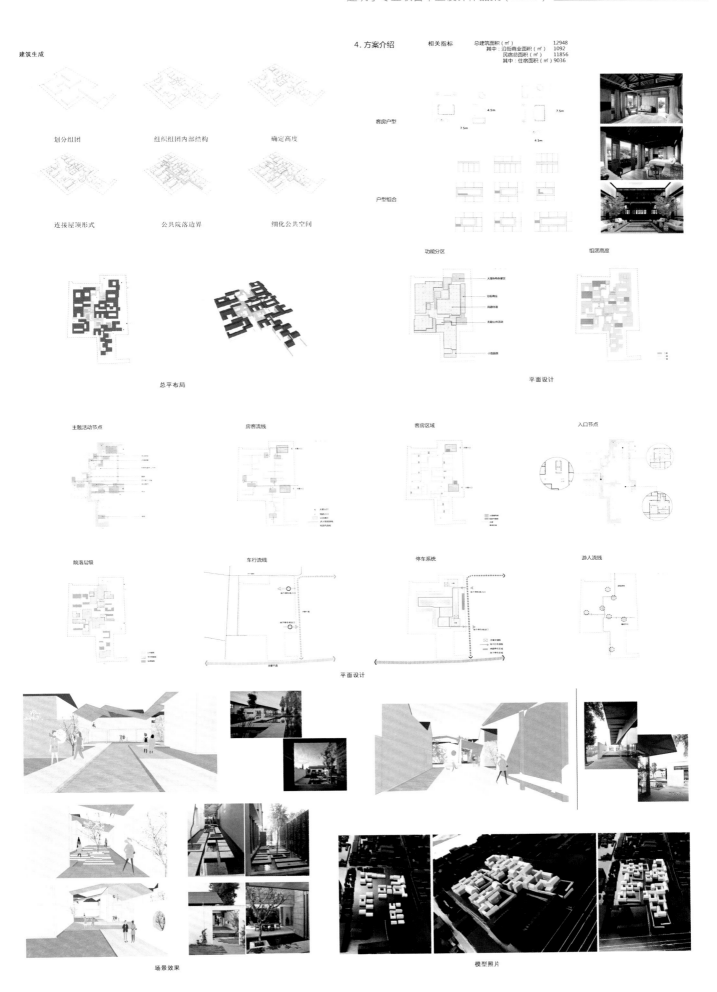

建筑生成

划分组团   组织组团内部结构   确定高度

连接屋顶形式   公共院落边界   细化公共空间

4.方案介绍

相关指标

	总建筑面积（㎡）	12948
其中：	沿街商业面积（㎡）	1092
	民宿总面积（㎡）	11856
其中：	住宿面积（㎡）	9036

客房户型

户型组合

功能分区   组团高度

总平布局   平面设计

主题活动节点   房客流线   客房区域   入口节点

院落层级   车行流线   停车系统   游人流线

平面设计

场景效果   模型照片

小组成员：陈咏雯　解麒华

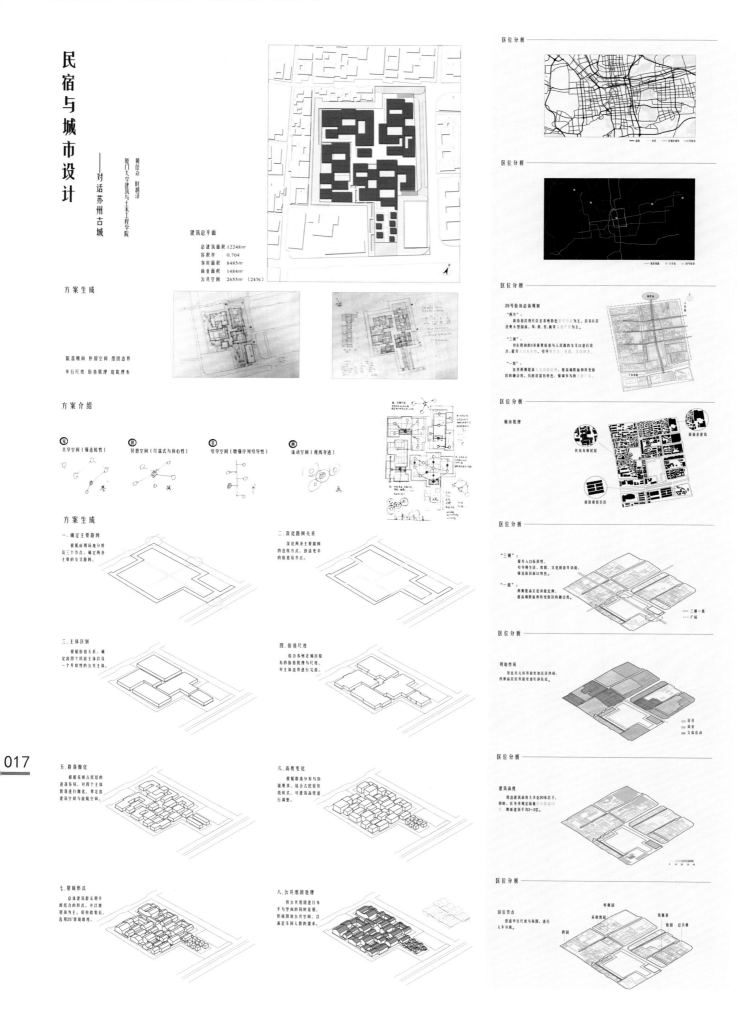

民宿与城市设计

——对话苏州古城

黄佳焱 时润泽
厦门大学建筑与土木工程学院

建筑总平面

总建筑面积	12248㎡
容积率	0.704
客房面积	8485㎡
商业面积	1484㎡
公共空间	2655㎡（24%）

方案生成

院落横向　衍固空间　围团边界
市行尺度　街巷肌理　庭院理水

方案介绍

共享空间（强连续性）　冥想空间（层端式与向心性）　引导空间（增强序列引导性）　流动空间（视觉穿透）
琴　　　棋　　　书　　　画

方案生成

一、确定主要路网
根据前期场地分析及三个节点，确定两条主要的交叉路网。

二、深化路网关系
深化两条主干路网的连接方式，创造更多的街巷节点。

三、主体区划
根据街巷关系，确定四个民宿主体以及一个开放性的公共主体。

四、街巷尺度
结合苏州老城区原有的街巷街巷与尺度，对主体区划进行完善。

五、群落细化
根据苏州古民居的进落布局，对四个主体群落进行细化，得出古城建筑空间与庭院空间。

六、高度变化
根据群落分布与功能要求，结合古民居传统样式，对建筑高度进行调整。

七、屋顶形式
总体建筑群采用坡屋顶结合平屋顶的形式，并以坡屋顶为主。材料处理后，选用25°坡屋顶设置。

八、公共围团整理
将公共围团进行水平与竖向的空间延展，形成围团公共空间，以满足不同人群的需求。

区位分析

区位分析

区位分析

25号街坊总体规划

"两片"：

"三横"：

"一高"：

区位分析

城市肌理

区位分析

"三横"：
提升入口标志性，
引导慢性生活，文化活动带动，
强化街区路口特色。

"一高"：
两侧提高文化功能比例，
提高城面和周边老街的融合度。

区位分析

用地性质

区位分析

建筑高度

区位分析

区位节点

小组成员：黄佳焱　时润泽

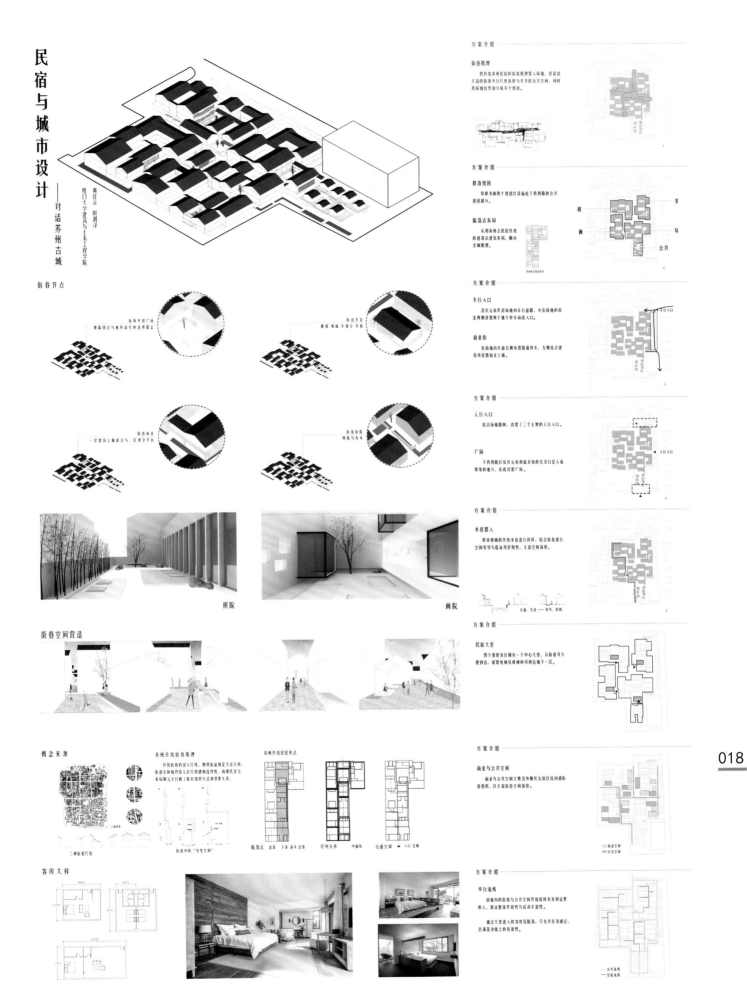

民宿与城市设计
——对话苏州古城

厦门大学建筑与土木工程学院
黄佳焱　时润泽

街巷节点

棋院　画院

街巷空间营造

概念来源　　苏州传统街巷肌理　　苏州传统民居形式

院落式　边路　主路　次支路 | 序列关系　中轴线　入口　交通空间　入口 走廊

三种街巷尺度　　街巷中的"灰色空间"

客房大样

方案介绍

街巷肌理

群落组团

院落式布局

车行入口

商业街

人行入口

广场

水巷置入

民宿大堂

商业与公共空间

步行流线

小组成员：黄佳焱　时润泽

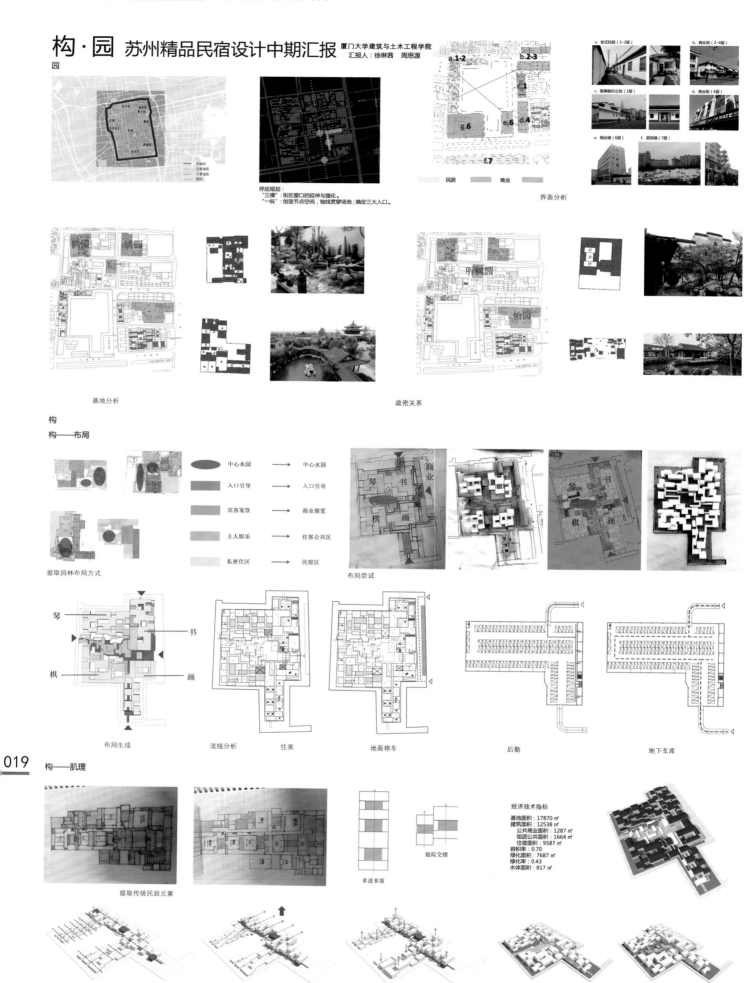

构·园 苏州精品民宿设计中期汇报

厦门大学建筑与土木工程学院
汇报人：徐琳茜 周思源

园

呼应规划：
"三横"：街区窗口的延伸与强化。
"一纵"：创造节点空间，轴线贯穿场地；确定三大入口。

界面分析

a. 老式民居（1~2层）
b. 商业街（2~3层）
c. 歌舞剧办公处（1层）
d. 商业街（4层）
e. 商业楼（6层）
f. 居民楼（7层）

民居　商业

基地分析

疏密关系

构

构——布局

中心水园 → 中心水园
入口引导 → 入口引导
宾客宴饮 → 商业展览
主人娱乐 → 住客公共区
私密住区 → 民宿区

提取园林布局方式

布局尝试

琴　书　棋　画

布局生成　流线分析　住客　地面停车　后勤　地下车库

019

构——肌理

提取传统民居元素

多进多落　庭院交错

经济技术指标
基地面积：17870 ㎡
建筑面积：12538 ㎡
公共商业面积：1287 ㎡
组团公共面积：1664 ㎡
住宿面积：9587 ㎡
容积率：0.70
绿化面积：7687 ㎡
绿化率：0.43
水体面积：817 ㎡

构——序列

游　　　　　　　变　　　　　　　境

游园序列　　　重在过程的空间体验　　　空间序列变化　　　中心水园

《重屏会棋图》
三层嵌套关系
下棋之人
屏风 or 门框
画中之人

于有限空间
感受无限境界

重屏之境

境

中心水园　　　　　　　　入口节点

琴台表演　　　书法体验

棋枰对弈　　　书画展览

活动置入节点体验

琴院—相遇　　棋院—对弈　　书院—静观　　画院—幻境

组团分析　　　　　主题院落　　　　　客房类型

豪华大床房 45~55m²　　大床房带院子 35~45m²　　套房 55~65m²

客房类型

020

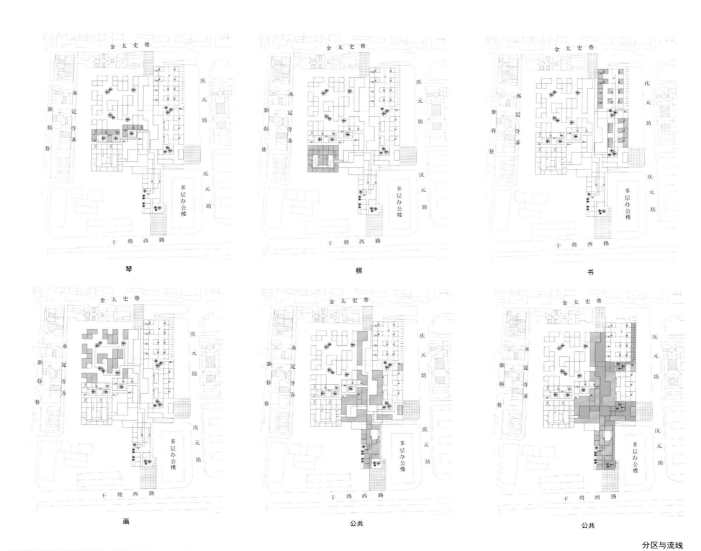

分区与流线

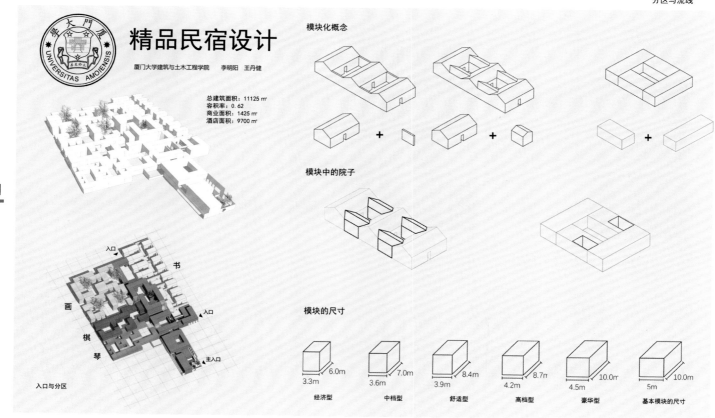

021

方案一：四路并置

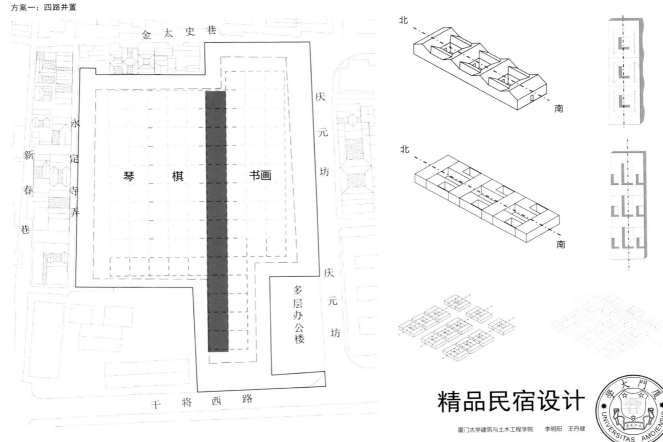

精品民宿设计

厦门大学建筑与土木工程学院　李明阳　王丹健

方案二：一纵串联

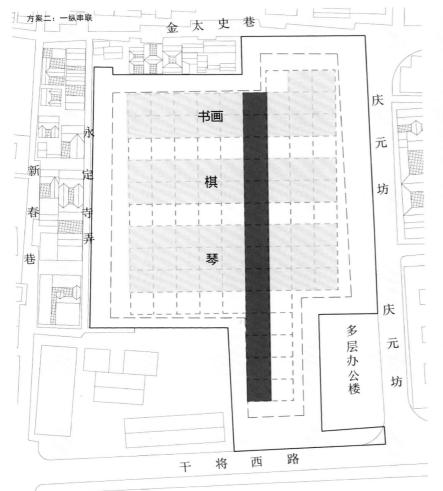

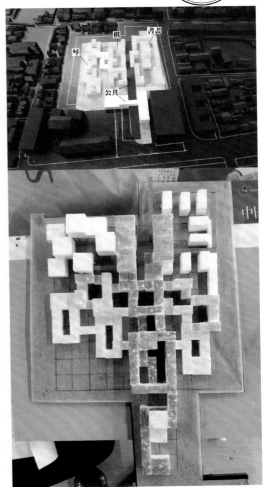

022

方案三

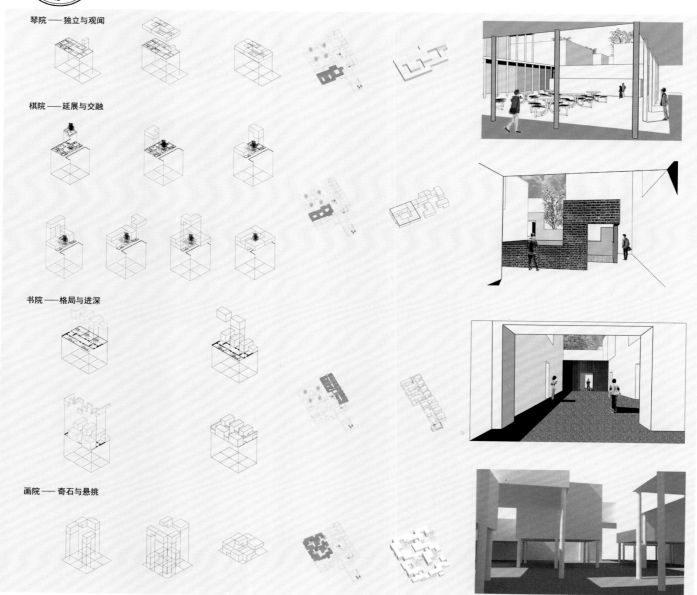

苏州古城25号街坊"琴棋书画"
精品民宿设计

厦门大学建筑与土木工程学院　李明阳　王丹健

琴院——独立与观闻

棋院——延展与交融

书院——格局与进深

画院——奇石与悬挑

小组成员：李明阳　王丹健

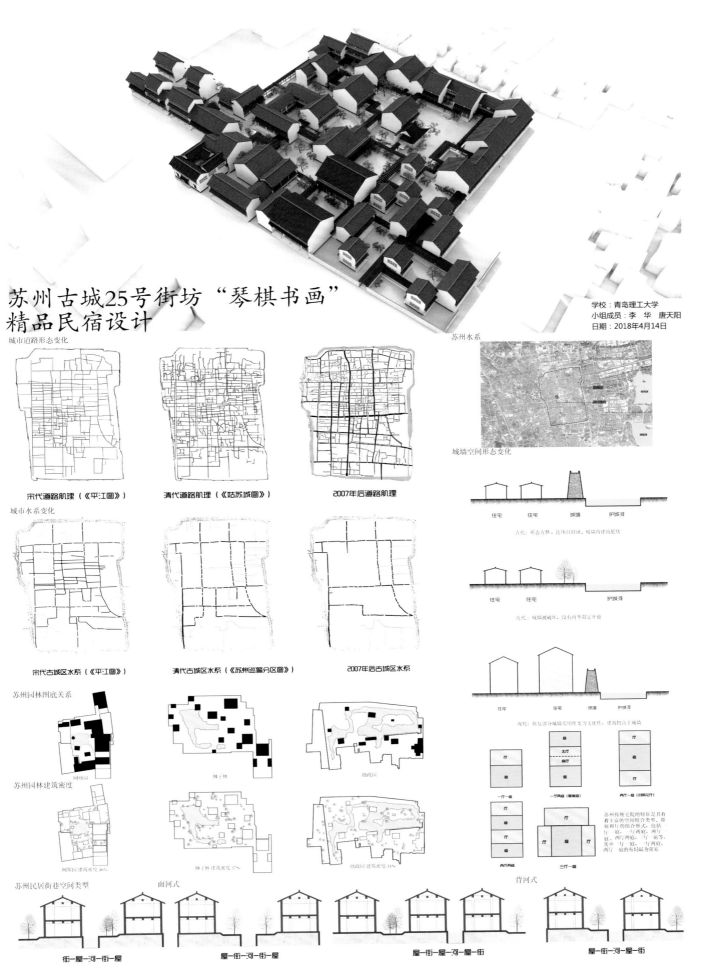

苏州古城25号街坊"琴棋书画"
精品民宿设计

学校：青岛理工大学
小组成员：李 华 唐天阳
日期：2018年4月14日

城市道路形态变化

宋代道路肌理（《平江图》）　　清代道路肌理（《姑苏城图》）　　2007年后道路肌理

城市水系变化

宋代古城区水系（《平江图》）　　清代古城区水系（《苏州巡警分区图》）　　2007年后古城区水系

苏州园林图底关系

网师园　　　　　　　　　狮子林　　　　　　　　　拙政园

苏州园林建筑密度

网师园 建筑密度 46%　　狮子林 建筑密度 37%　　拙政园 建筑密度 31%

苏州民居街巷空间类型　　面河式　　　　　　　　　　　　　　　　　　　　背河式

街—屋—河—街—屋　　　　屋—街—河—街—屋　　　　屋—街—屋—河—屋—街　　　　屋—街—河—屋—街

苏州水系

城墙空间形态变化

住宅　住宅　城墙　护城河

古代：形态方整，连续且封闭，城墙内建筑低矮

住宅　住宅　城墙　护城河

近代：城墙被破坏，没有内外联系开敞

住宅　住宅　城墙　护城河

现代：恢复部分城墙实用性变为文化性，建筑拔高于城墙

一厅一庭　　一厅两庭（前后天井）　　两厅一庭（前后两厅）

两厅两庭　　三厅一庭

苏州传统宅院的特征是其有着丰富的空间组合类型，即庭和厅的组合形式，包括一厅一庭、一厅两庭、两厅一庭、两厅两庭、三厅一庭等。其中一厅一庭、一厅两庭、两厅一庭的布局最为常见

小组成员：李 华 唐天阳

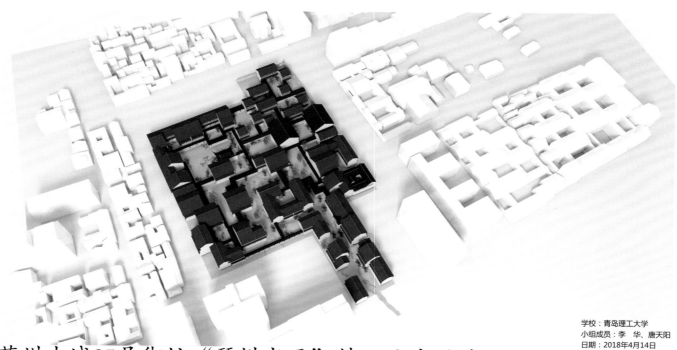

学校：青岛理工大学
小组成员：李　华、唐天阳
日期：2018年4月14日

苏州古城25号街坊"琴棋书画"精品民宿设计

苏州对于25号街坊的规划总体形成"两片、三横、一纵、多点"的设计结构。
- "两片"：街坊现状以新春巷为界呈现为两块不同特色的功能片，其中新春巷以西片以老苏州特色居住功能为主，新春巷以东片以经典小型园林和琴、棋、书、画等老苏州特色文化产业为主。本设计因地制宜地强化各片区的特色，西片突出精致优雅的居住空间，东片突出浪漫飘逸的文化遗产。
- "三横"：对东西向的三条重要街巷——马医科巷、宜多宾巷（韩家巷）以及嘉余坊（金太史巷）与人民路的交叉口进行精心标志设计，提升入口标识性；依托此三条重要街巷引导慢生活、度假、文化创意等功能，强化街区窗口特色。
- "一纵"：疏通正对城隍庙的神道街向南延伸至金太史巷，于其两侧提高文化功能比例，提高城隍庙和历史街区的融合度。

苏州

老城区

基地

上位规划——空间结构

苏州位于江苏省东南部，长江三角洲中部，是江苏长江经济带的重要组成部分。东邻上海，南接嘉兴，西抱太湖，北依长江。设计基地位于苏州城核心老城区内，苏州老城区拥有悠久的历史底蕴。

基地周围城市肌理

25号街坊

绿地

上位规划——基地区位

- 苏州城市规划将古城区按照传统街巷分为多个街坊，本次的设计基地位于25号街坊内。古城25号街坊基地东至人民路，西至养育巷，南至干将路，北至景德路，总用地约29.70公顷。
- 街坊内有著名的世界文化遗产——怡园，以及俞樾故居、吴云故居、听枫园、鹤园、怡园历史街区等历史文化遗迹。场地位于苏州城两条主轴线干将路、人民路交界处，属于古城的核心区域，东临观前商圈，距平江路历史街区较近，街坊内用地性质较为复杂，含有居住、商业、文化遗迹、学校等多种功能。

道路

水系

基地周围用地情况

小组成员：李　华　唐天阳

苏州古城25号街坊"琴棋书画"精品民宿设计

琴——概念引入

戏台

水
戏台
半开放
还原老苏州生活

棋——概念引入

黑白棋盘 + 峰回路转 → "棋"与民俗

书——概念引入

画——概念引入

基地周围情况

1层 2层 3层 4层及以上
建筑层数

极好 好 一般 差
建筑质量

场地与城市周边的关系

基地周围景点

周边业态

周边公共服务设施

场地内部水系

绿化多样性

小组成员：李　华　唐天阳

次入口

金太史巷

次入口

主入口

次入口

养育巷

次入口

庆元坊

次入口

干将路

N

03　15　30　　60　　　120

苏州古城25号街坊"琴棋书画"精品民宿设计

功能分析

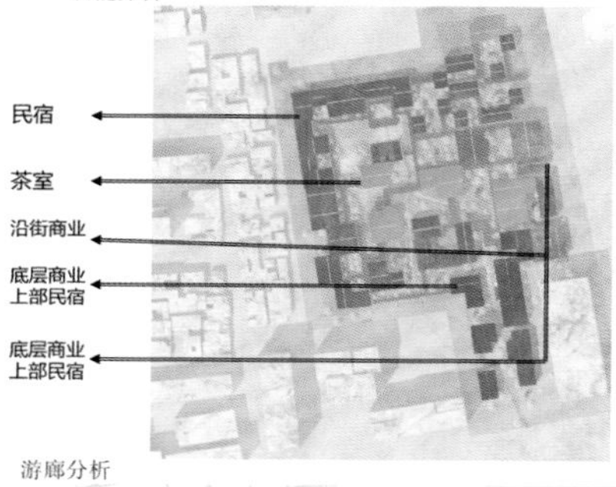

平面分区

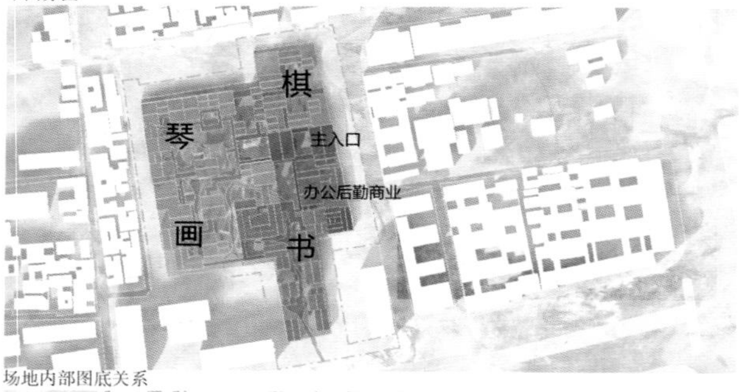

民宿

茶室

沿街商业

底层商业
上部民宿

底层商业
上部民宿

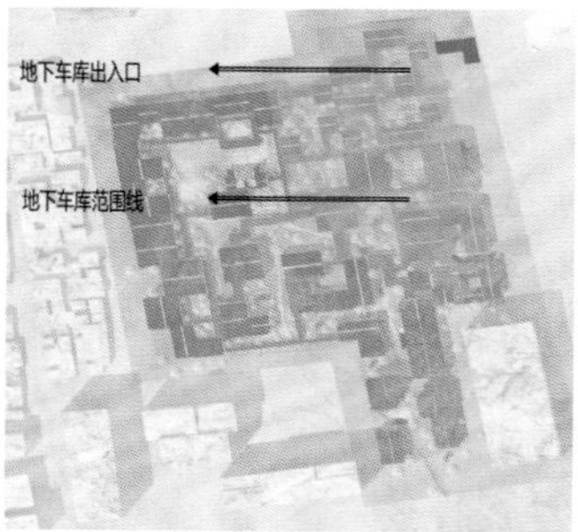

地下车库出入口

地下车库范围线

琴

棋

书

画

主入口

办公后勤商业

游廊分析

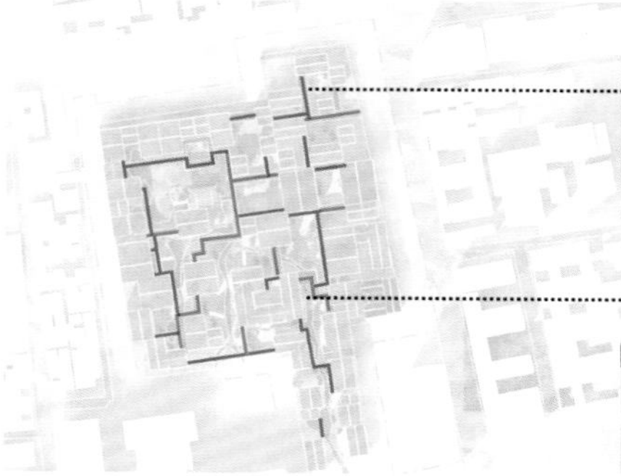

场地内部图底关系

027

视线分析

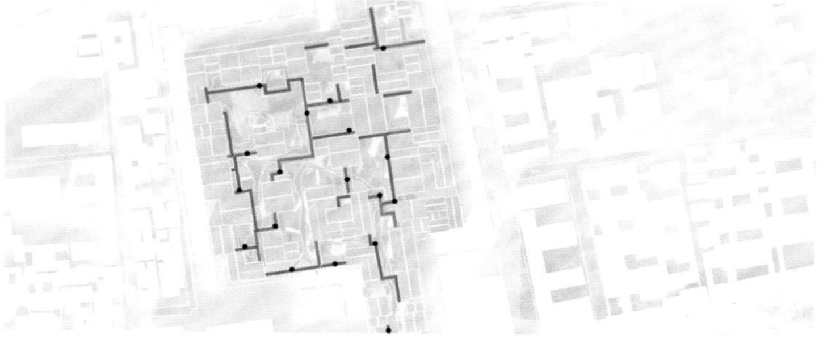

流线分析

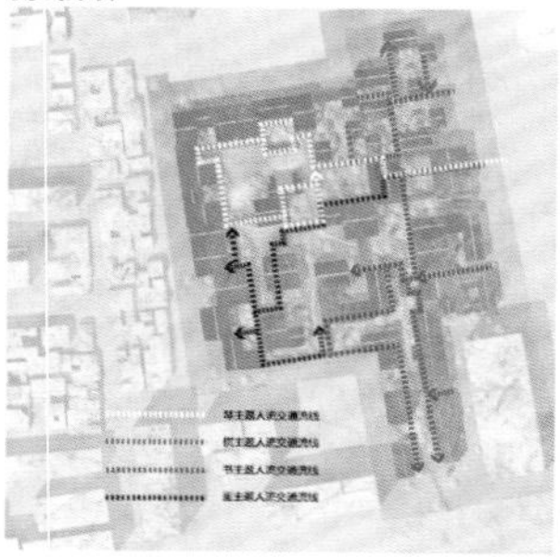

出入口

人行次入口

人行
主入口

商业街人行入口

小组成员：李　华　唐天阳

苏州古城25号街坊"琴棋书画"精品民宿设计

小透视

建筑单体

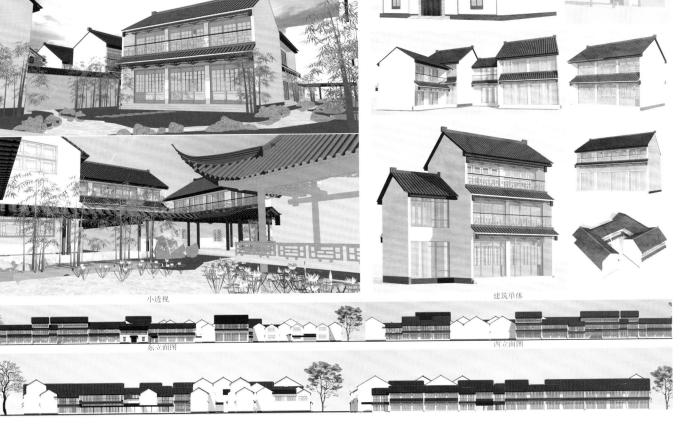

东立面图

西立面图

小组成员：李 华 唐天阳

苏州古城25号街坊"琴棋书画"精品民宿设计

"琴"主题

"棋"主题

方案草图

"书"主题

"画"主题

方案草图

小组成员：李　华　唐天阳

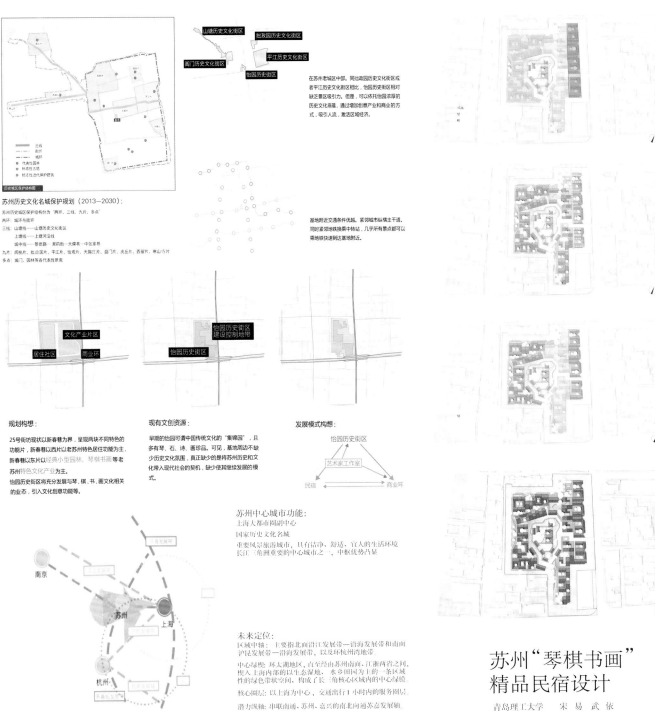

苏州历史文化名城保护规划（2013-2030）：

苏州历史城区保护结构分为"两环、三线、九片、多点"
两环：城环与街环
三线：山塘线——山塘历史文化街区
上塘线——上塘河沿线
城中线——景德路、观前街一大儒巷一中张家巷
九片：阊桥片、拙政园片、平江片、怡观片、天赐庄片、盘门片、虎丘片、西园片、寒山寺片
多点：阊门、园林等各代表性景系

在苏州老城区中部。同拙政园历史街区或者平江历史文化街区相比，怡园历史街区相对缺乏景观吸引力。但是，可以依托怡园浓厚的历史文化底蕴，通过增加创意产业和商业的方式，吸引人流，激活区域经济。

基地附近交通条件优越。紧邻城市纵横主干道。同时紧邻地铁换乘中转站，几乎所有景点都可以乘地铁快速到达基地附近。

规划构想：

25号街坊现状以新春巷为界，呈现两块不同特色的功能片，新春巷以西片以老苏州特色居住功能为主，新春巷以东片以经典小型园林、琴棋书画等老苏州特色文化产业为主。
怡园历史街区将充分发展与琴、棋、书、画文化相关的业态，引入文化创意功能等。

现有文创资源：

早期的怡园可谓中国传统文化的"集锦园"，且多有琴、石、诗、画珍品。可见，基地周边不缺少历史文化氛围，真正缺少的是将苏州历史和文化带入现代社会的契机，缺少使其继续发展的模式。

发展模式构想：

怡园历史街区　→　艺术家工作室　→　民宿　　商业环

苏州中心城市功能：

上海大都市圈副中心
国家历史文化名城
重要风景旅游城市，具有洁净、舒适、宜人的生活环境
长江三角洲重要的中心城市之一，中枢优势凸显

未来定位：

区域中轴：主要指北面沿江发展带——沿海发展带和南面沪昆发展带——沿海发展带，以及环杭州湾地带
中心绿楔：环太湖地区，直至经由苏州南面、江浙两省之间，嵌入上海内部的以生态湿地、水乡田园为主的一条区域性的绿色带状空间，构成了长三角核心区城内的中心绿膜
核心圈层：以上海为中心，交通出行1小时内的服务圈层
潜力级轴：串联南通、苏州、嘉兴的南北向通苏嘉发展轴

苏州"琴棋书画"
精品民宿设计

青岛理工大学　　宋　易　武　依

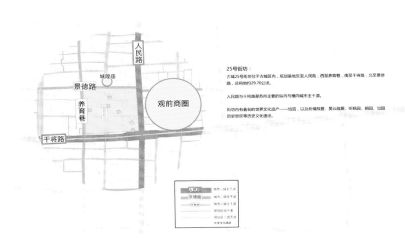

25号街坊：

古城25号街坊位于古城区内，规划基地东至人民路，西至养育巷，南至干将路，北至景德路，总用地约29.70公顷。

人民路与干将路是苏州主要的纵向与横向城市主干道。

北坊内有着名的世界文化遗产——怡园，以及俞樾故居、吴云故居、听枫园、鹤园、怡园历史街区等历史文化遗迹。

城市重要节点与区段

苏州未来的核心竞争力依然还是历史文化和自然山水。在传统文化的基础上孕育有苏州特色的现代城市文化必然是苏州城市发展的总体目标。

中核古城的发展，很大程度上要依靠古城的旅游业和文创产业来带动。

基地恰好坐落在古城的重要区段和中心城区纵横主要道路的交叉处，历史文化资源丰富，交通便利，有潜力发展成为区域经济的激活热点。

小组成员：宋　易　武　依

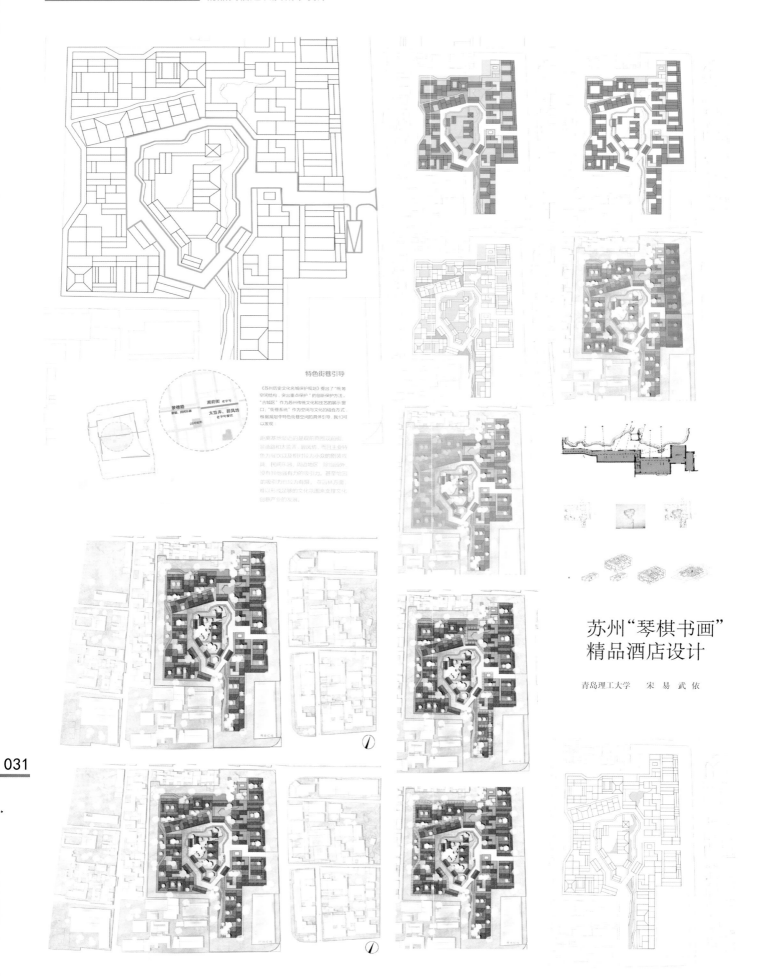

特色街巷引导

《苏州历史文化名城保护规划》提出了"梳理空间结构，突出重点保护"的创新保护方法。"古城区"作为苏州传统文化和技艺的展示窗口，"街巷系统"作为空间与文化的结合方式，根据规划中特色街巷空间的具体引导，我们可以发现

苏州"琴棋书画"
精品酒店设计

青岛理工大学　宋易 武依

031

区位分析

SITE

SITE

交通结构

上位规划

图底关系

周边用地现状

○ 酒店
Hotel
办公建筑
Office Building
文教建筑
Cultral Building
商业建筑
Business Building
低层住宅建筑
Low-rise Building
多层住宅建筑
Multi-storey Residence
古迹建筑
Historic Building

水系分布
Water System

公共绿地
Public Green Space

交通节点
Transit Node

街巷分布
System

苏州古城
"25号街坊"
"琴棋书画"
精品民宿设计

青岛理工大学   王雪健 张祥麟

立面图

建筑屋顶类型

建筑新旧程度

建筑高度

建筑质量

基地周边视点

琴：亦张亦弛 张弛有度

棋：亦攻亦守 阴阳互根

书：心正笔正 观书观人

画：画中有诗 直抒胸臆

流线分析

小组成员：王雪健　张祥麟

规划结构

功能分区

总用地面积：
17870 ㎡
总建筑面积：
11005 ㎡
建筑密度：0.30
容积率：0.62

古代路网系统形态

近代路网系统形态

现代路网系统形态

古代苏州城墙空间形态

近代苏州城墙空间形态

现代苏州城墙空间形态

苏州姑苏区　苏州古城区　设计地段

区位

城市水系现状

基地周边业态

苏州古城25号街坊 "琴棋书画" 精品民宿设计

青岛理工大学 吴文珂 齐 硕

034

现场展示

"琴" 主题

"书" 主题

商业街中心广场——虚实间

商业街——街巷空间

"画" 主题

苏州古城25号街坊 "琴棋书画" 精品民宿设计

青岛理工大学 吴文珂 齐 硕

小组成员：吴文珂 齐 硕

交通结构

院落空间形态——中小型民居院落

院落空间形态——大型民居院落

街巷空间肌理

印象

印象

传统民居
Solutions to Problem 1

留园
传统民居 & 苏州园林

平江路
Solutions to Problem 2 —— 街巷空间&苏式生活

潘儒巷

过程推演

Step 1　　Step 2　　Step 3

设计理念
Option 1

商业
民宿　　公共
　　空间

多种功能并置，以园林的手法塑造民宿空间

Option 2

商业
民宿　　公共
　　空间

将场地中的所有建筑作为一个园林系统
多种功能分别作为整个系统中的景（点），分散布置

东沿街立面图

商业街立面图

苏州古城25号街坊"琴棋书画"精品民宿设计

青岛理工大学 吴文珂 齐 硕

小组成员：吴文珂 齐 硕

2

终期答辩成果
FINAL
REPLY

苏州大学
Soochow University

云水山舍——李嘉康、凌　泽

雅室江湖——权文慧、刘玉杰

闲地·新局——景　玥、姜哲惠

坊间——杨　琼、都乐琳

云水山舍

基地背景

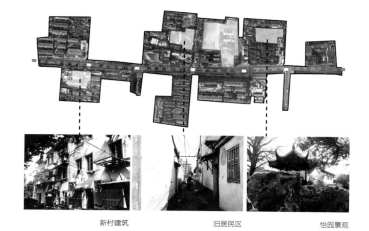

新村建筑　　　　　　旧居民区　　　　　　怡园景观

概念生成

 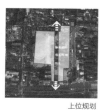 

园林连接　　　　上位规划　　　　片区划定

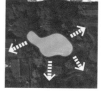

民居肌理　　　　园林水系　　　　功能倾向

云水山舍
苏州民宿设计

项目基地位于中国历史文化名城苏州，这个地区是孕育中国传统园林的地方。我们希望这个民宿设计在回应现代建造技术和生活舒适度的前提下，满足传统中国人的精神需求，即：寄情山水、归隐田居。因此，方案根据任务书要求设计了"琴""棋""书""画"四个"C"形合院以及大堂等建筑，体量由传统的苏式双坡顶建筑演变而来，衍生出丰富的空间和屋顶样式，如同山峦起伏。同时，方案还引入水系与建筑产生互动，使人在建筑群落中如同置身山水之间，云雾缭绕、百转千回、步移景异。

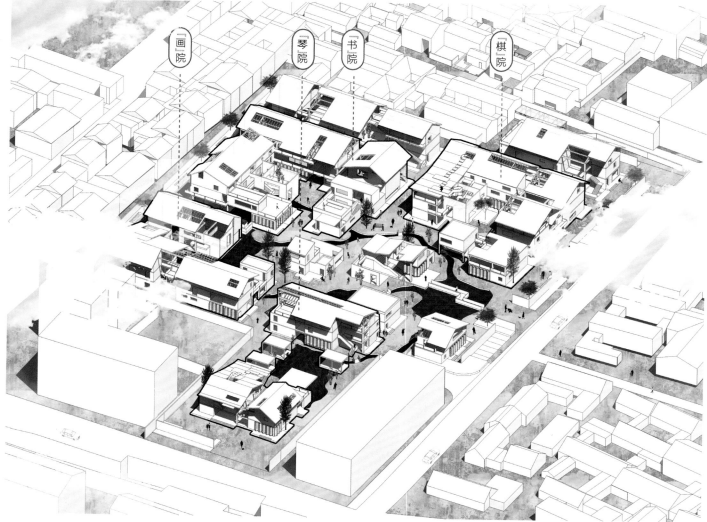

039

云水山舍

小组成员：李嘉康　凌　泽

云水山舍

上人屋面透视图

场地设计

苏州园林以水系、假山、亭台
等空间构成核心活动与景观节
点，向围绕建筑活动的空间渗透。
方案借鉴了这样的空间处理形
式，同时结合场地的交通等因
素合理规划功能与流线。

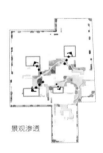

景观渗透

路径流线

特色区域

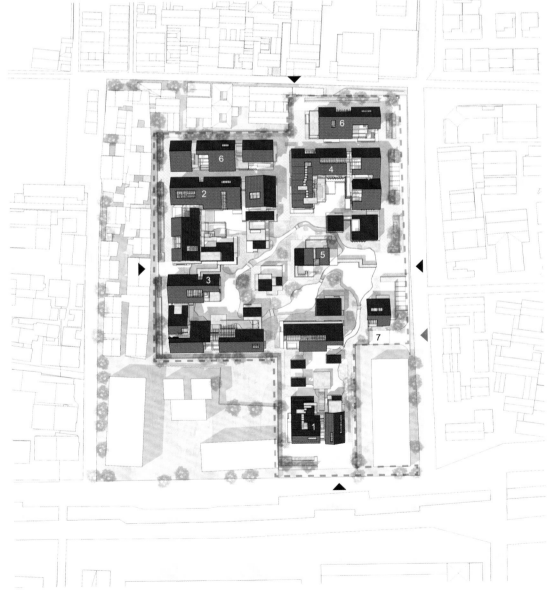

经济技术指标：总建筑面积 10825 ㎡，容积率 0.61，民宿总面积 9600 ㎡，客房面积 7100 ㎡，停车位 134个，绿化率 0.34

1."琴"院 2."书"院 3."画"院 4."棋"院 5.大堂 6.沿街商业 7.地下车库　　0m 6m 12m　24m　　总平面图

云水山舍　　　　　　　　　　　　　　　　　　　　　　　　小组成员：李嘉康　凌泽

云水山舍

中心岛　　大堂　　　　　　　　　上人屋面　　　口袋花园　　　民宿

0m 1.5m 3m　6m　　棋院剖透视

"书"院

书法展陈与咖啡阅读结合布置于基地纵向轴线处。空间布置为苏州典型的民居布置，进深院给观展者以视觉的切换。

书院二层平面

"画"院

组团伴水，适宜创作与展陈，赋予画院主题。画家工作室与其作品展陈室布置其中，凸显此地的艺术性。

画院二层平面

"棋"院

"棋"在苏州更多象征着市井生活，"棋"院中设置有棋牌室，为居民与游客提供交流平台。该组团中设有棋教育相关功能，承担着传承苏州传统文化的职能。

"棋"院二层平面

"琴"院

戏台设置于组团中央，四周抱水，拟融入古琴演奏、昆曲表演等相关活动。"琴"院组团内设有昆曲博物馆、放映馆等，致力于传播苏州非物质文化。

琴院二层平面

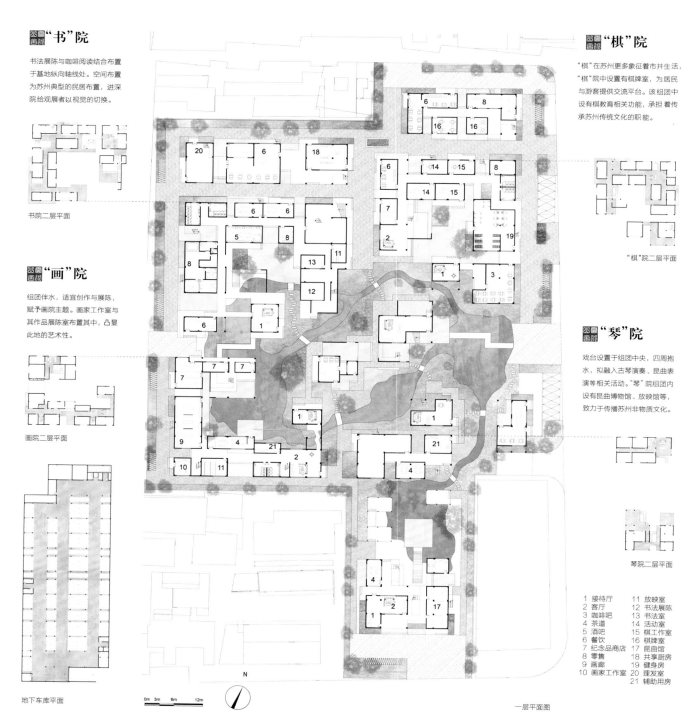

地下车库平面

0m 3m　6m　12m

N

一层平面图

1 接待厅	11 放映室
2 客厅	12 书法展陈
3 咖啡吧	13 书法室
4 茶道	14 活动室
5 酒吧	15 棋工作室
6 餐饮	16 棋牌室
7 纪念品商店	17 昆曲馆
8 零售	18 共享厨房
9 画廊	19 健身房
10 画家工作室	20 理发室
	21 辅助用房

041

云水山舍

小组成员：李嘉康　凌　泽

云水山舍

室内过道透视图

民宿室内透视图

上人屋面

白墙黛瓦向来是最苏式的建筑元素之一，方案也着重设计了不同式样的瓦屋面，部分还采用上人屋面的形式，让人拥有不同的流线体验。

模件提取

汉字是由若干个部首的"模件"组合而成，方案同样采用这样的方式，从基地附近传统的苏州民居着手进行空间的提取与演变、组合。

户型设计

整个民宿设计有多种不同的户型，凸显了苏式装饰的特点，并部分采用开放式淋浴设计。

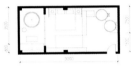

单体空间

建筑单体的空间从苏州传统的民居单体建筑演变而来，穿插进了提取出的街巷、洞口等"模件"空间，并通过立面与天窗的设计，最大程度地实现了光影变化与空间的穿插。

上人屋面透视图

空间原型

民宿剖面

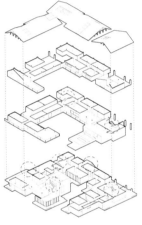

分层轴测

细部节点设计充分运用了传统建筑样式中的榫卯结构，让不同的屋顶构件灵活连接。

冷漠阴阳瓦 板椽   灰泥

小青瓦
挂瓦条
找平层
椽板层
木结构

分层屋面

榫卯结构

细部构造

坡顶   上行

汇合   洞口

门亭   穿巷

提取演变

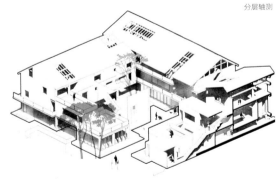

组团剖面

琴台透视图

室外过道透视图

云水山舍

小组成员：李嘉康 凌 泽

雅室江湖

雅室江湖

主题民宿酒店设计

江雅湖室 设计说明

本次设计我们以园林为原型，以场地中心的庭院为核心区统领整个场地，而每个组团的内部和外部都会有属于自己的景观。同时，建筑的内部也会有景观的穿插。整个的景观系统通过建筑内部的廊道进行串联。我们希望通过走廊以及建筑形体的引导，使景观渗透到场地的每一个角落。

江雅湖室 现场照片

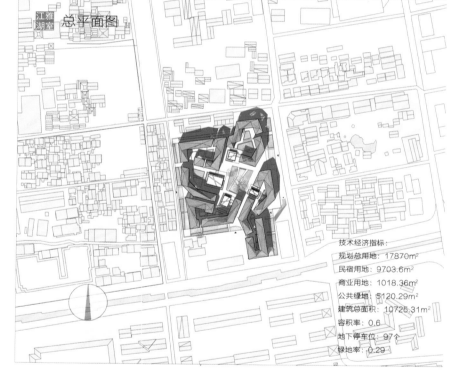

总平面图

技术经济指标：
规划总用地：17870m²
民宿用地：9703.6m²
商业用地：1018.36m²
公共绿地：5120.29m²
建筑总面积：10725.31m²
容积率：0.6
地下停车位：97个
绿地率：0.29

江雅湖室 构思过程

从园林的构图出发，经过一步步推导，生成了我们整个场地的建筑布局

模仿　　　　　柔滑　　　　　优化　　　　　分解　　　　　优化

江雅湖室 场地系统

从园林的构图出发，经过一步步推导，生成了我们整个场地的建筑布局

建筑　　　　　内景　　　　　核心　　　　　中庭　　　　　外景

雅室江湖

小组成员：权文慧　刘玉杰

雅室江湖

江雅
湖室 主题分析　　　　　江雅
湖室 一层平面图　1:300

"琴"主题民宿

"棋"主题民宿

"书"主题民宿

"画"主题民宿

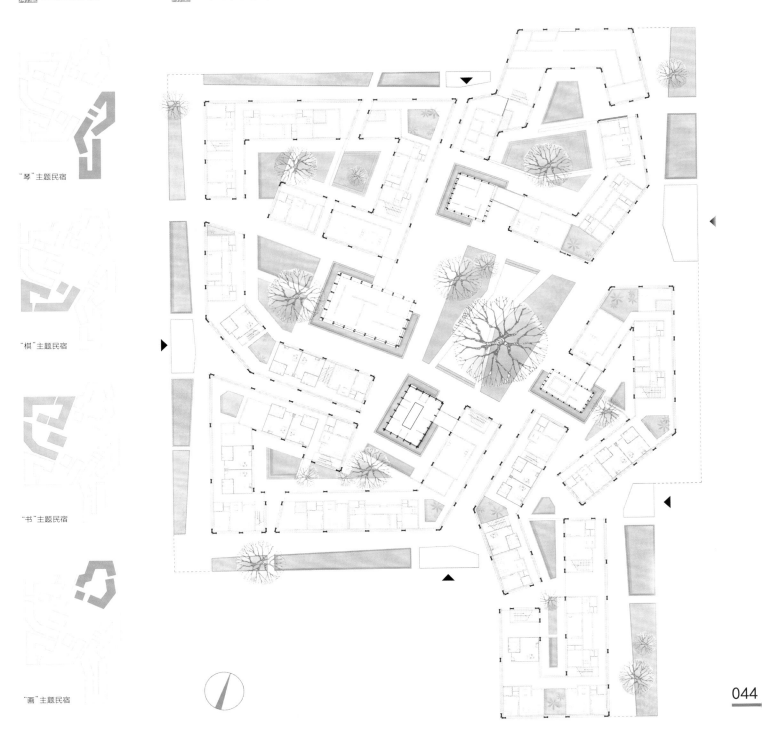

江雅
湖室 场地剖面图　1:300

雅室江湖

江雅 核心平面图
湖室

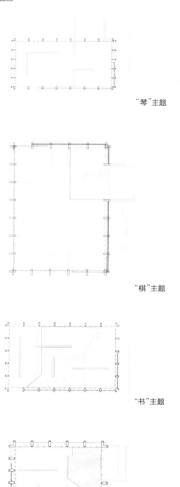

"琴"主题

"棋"主题

"书"主题

"画"主题

江雅 车库平面图
湖室

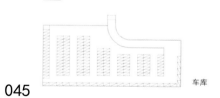

车库

江雅 二层平面图　1:300
湖室

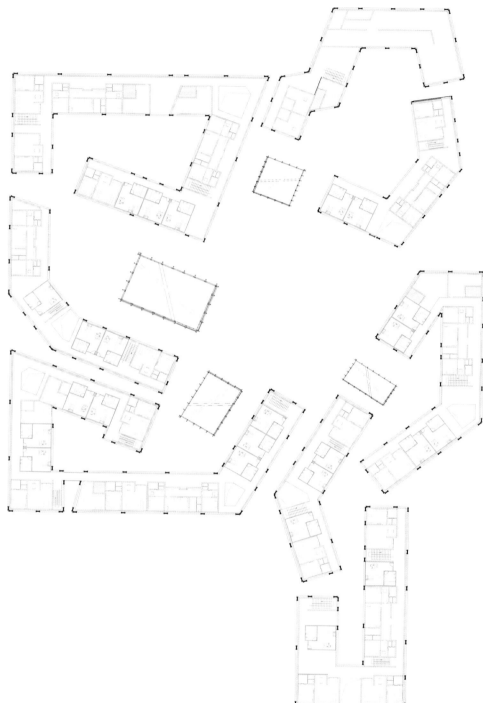

江雅 建筑立面图　1:300
湖室

建筑立面的设计也是本次设计的一大特色。
整个立面的形式与屋顶相统一，同时用结
构进行立面的塑造。工字钢构成了整个立
面的主体系，木结构为辅助体系，最后以
竹子进行铺面，形成整个立面的体系。

雅室江湖

小组成员：权文慧　刘玉杰

雅室江湖

雅室 鸟瞰轴测图
江湖

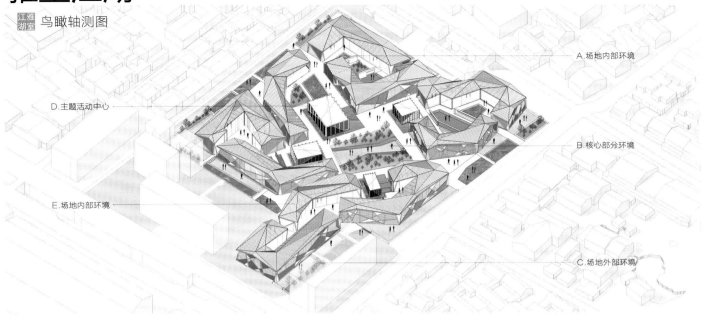

A.场地内部环境

D.主题活动中心

B.核心部分环境

E.场地内部环境

C.场地外部环境

雅室 流线入口分析图
江湖

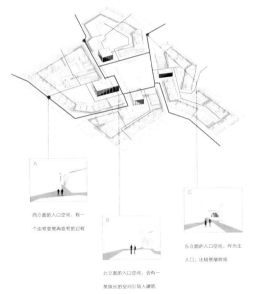

A

西立面的入口空间，有一
个由宽变窄再变宽的过程

B

北立面的入口空间，会有一
条狭长的空间引导入建筑

C

东立面的入口空间，作为主
入口，比较宽敞明亮

内部流线由走廊进行串联，外部流线由建筑形体走向进行引导。在游览的过程中，游客可以体验大小、宽窄不同的空间尺度感，从而营造出不同的空间乐趣，增强人们游览的丰富感。

雅室 外层结构
江湖

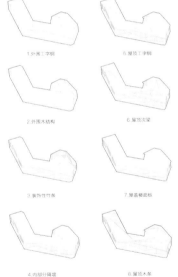

1.外围工字钢

5.屋顶工字钢

2.外围木结构

6.屋顶次梁

3.装饰性竹条

7.屋盖楼面板

4.内部分隔墙

8.屋顶木条

外围体系既是立面形式，也是承重结构。由工字钢和木结构以及楼顶形成整个建筑的承重部分，再通过竹条和木条进行形式塑造。

雅室 空间分析图
江湖

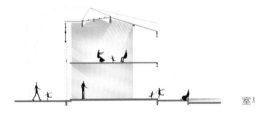

室与廊

廊与景

景与室

雅室 核心透视图
江湖

在此次"琴棋书画"主题民宿设计中，我们在每个组团内部都设计了一个核心。这个核心是整个组团的活动中心，也是"琴棋书画"的体现点。所以，在整个设计中，每个组团的核心是设计的重中之重。对于核心，我们希望它成为整个场地的亮点。

雅室江湖

小组成员：权文慧 刘玉杰

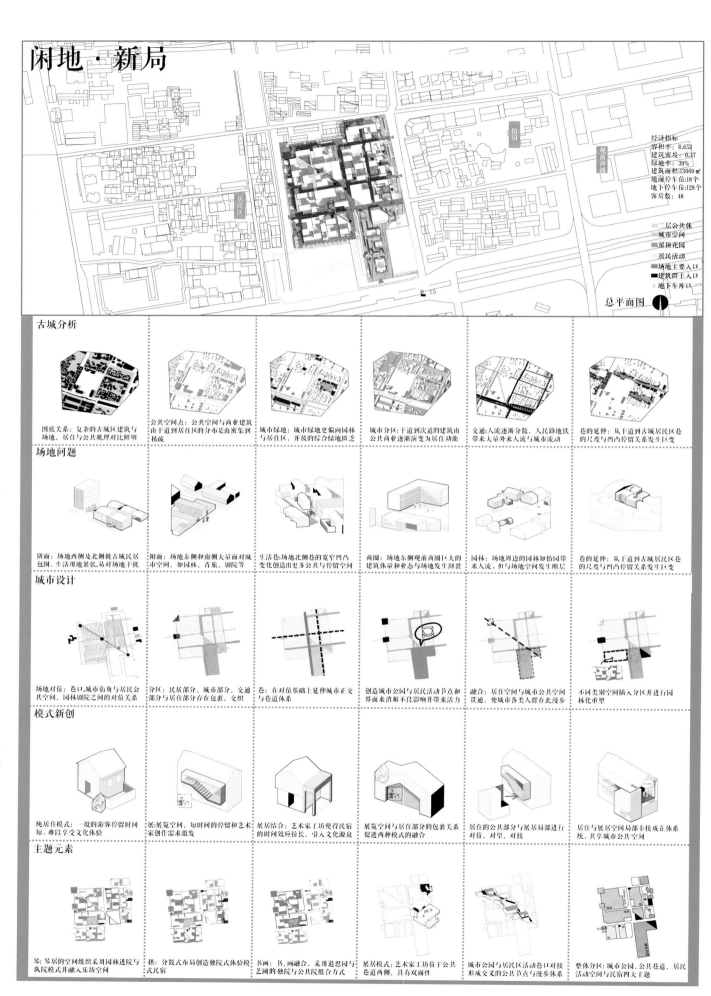

闲地·新局

经济指标
容积率：0.653
建筑密度：0.47
绿地率：39%
建筑面积：13069 ㎡
地面停车位：18个
地下停车位：128个
客房数：48

■ 二层公共体
■ 城市章间
■ 屋顶花园
■ 居民活动
■ 场地主要入口
■ 建筑群主入口
□ 地下车库口

总平面图

古城分析

图底关系：复杂的古城区建筑与场地，居住与公共肌理对比鲜明

公共空间点：公共空间与商业建筑由干道到居住区的分布是由密集到稀疏

城市绿地：城市绿地更偏向园林与居住区，开放的综合绿地缺乏

城市分区：干道到次道的建筑由公共商业逐渐演变为居住功能

交通：人流逐渐分散，人民路地铁带来大量外来人流与城市流动

巷的延伸：从干道到古城居民区巷的尺度与凹凸停留关系发生巨变

场地问题

阴面：场地西侧及北侧被古城民居包围，生活用地紧张，易对场地干扰

阳面：场地东侧和南侧大量对城市空间，如园林、青旅、剧院等

生活巷：场地北侧巷的宽窄凹凸变化创造出更多公共与停留空间

商圈：场地东侧观前商圈巨大的建筑体量和业态与场地发生割裂

园林：场地周边的园林如怡园带来人流，但与场地空间发生断层

巷的延伸：从干道到古城居民区巷的尺度与凹凸停留关系发生巨变

城市设计

场地对位：巷口，城市街角与居民公共空间，园林剧院之间的对位关系

分区：民居部分、城市部分、交通部分与居住部分存在包裹、交织

巷：在对位基础上延伸城市正交与巷道体系

创造城市公园与居民活动节点和界面来消解不良影响并带来活力

融合：居住空间与城市公共空间贯通，使城市各类人群在此漫步

不同类别空间插入分区并进行园林化重塑

模式新创

纯居住模式：一般的游客停留时间短、难以享受文化体验

展：展览空间，短时间的停留和艺术家创作需求激发

展居结合：艺术家工坊使得民宿的时间效应拉长，引入文化源泉

展览空间与居住部分的包裹关系促进两种模式的融合

居住的公共部分与展居局部进行对位、对望、对接

居住与展览空间局部卡接成立体系统，共享城市公共空间

主题元素

琴：琴居的空间组织采用园林进院与队院模式并融入乐坊空间

棋：分散式布局创造独院式体验校式民宿

书画：书、画融合，采用退思园与艺圃的独院与公共院组合方式

展居模式：艺术家工坊位于公共巷道两侧，具有双面性

城市公园与居民区活动巷口对接形成交叉的公共节点与漫步体系

整体分区：城市公园、公共巷道、居民活动空间与民宿四大主题

闲地·新局

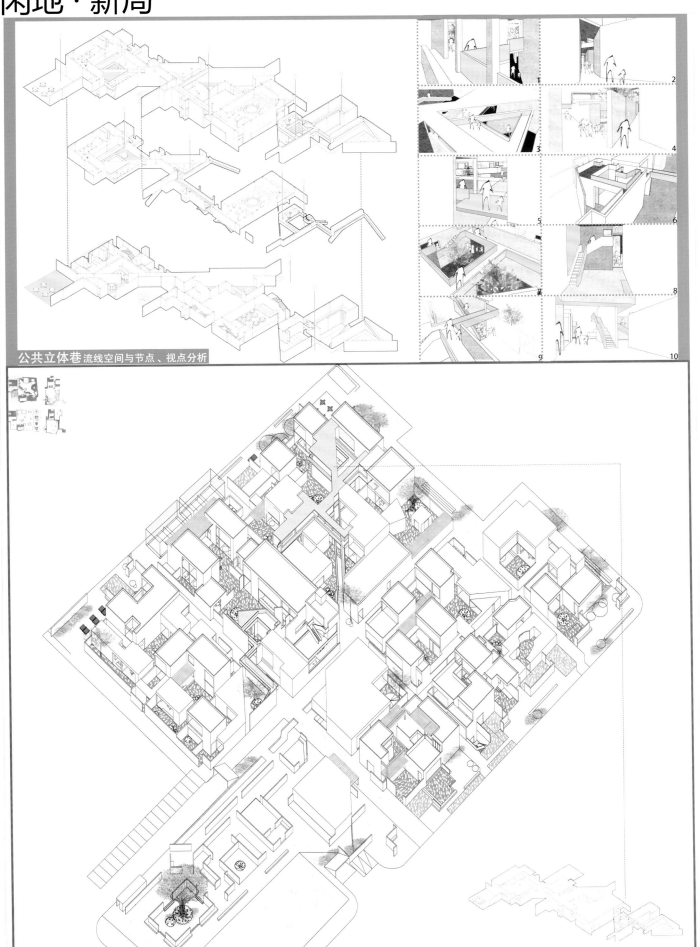

公共立体巷 流线空间与节点、视点分析

闲地·新局

小组成员：景 玥 姜哲惠

苏州古城 25 号街坊"琴棋书画"
精品民宿建筑及城市设计

闲地·新局

金太史巷

庆元坊

歌舞团

滑稽剧团

新春巷

永定寺弄

多层办公楼

庆元坊

一层平面图

a 书画居
b 琴居
c 棋局
d 艺术家工坊
e 乐坊
f 城市活动设施
g 展览休闲系统
h 服务活动中心
i 商业

漫步公共系统
城市空间
公共设施
居民活动
场地主要入口
▲ 地下车库口

0m 5m   15m

艺圃
咫尺天地
园居与游览

现代解构：书画民宿部分

环秀山庄
创作
展览
居住

现代解构：艺术家民宿

退思园
旱舫与游览

现代解构：艺术展览工坊

1 地下车库部分
2 疏散楼梯
3 下沉广场与展厅
4 车行出口
5 车行入口

0m 5m   15m

闲地·新局

小组成员：景 玥 姜哲惠

闲地·新局

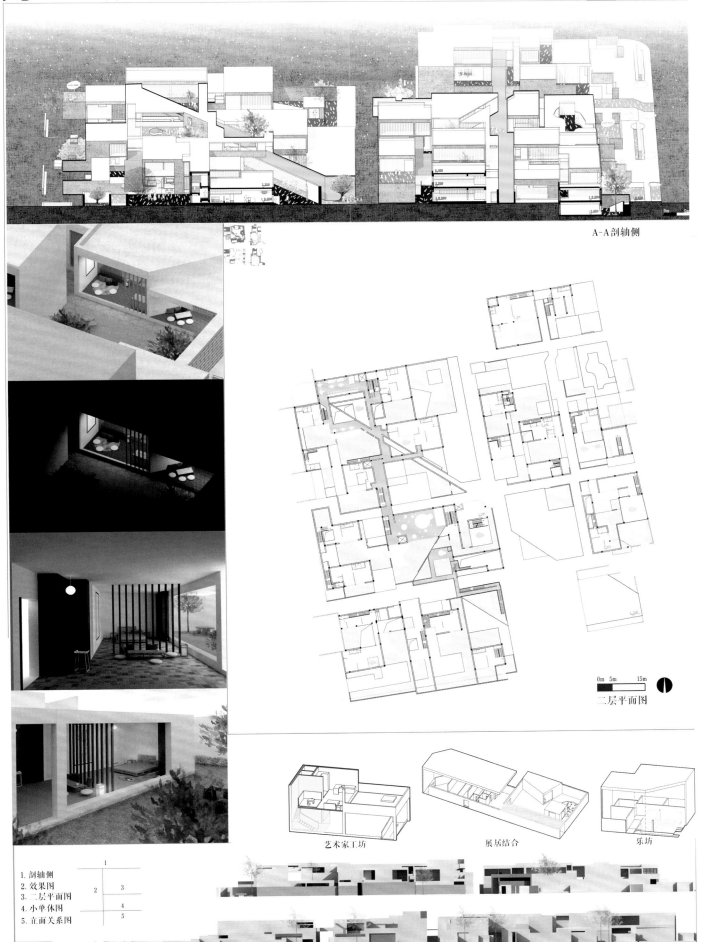

A-A剖轴侧

二层平面图

0m 5m 15m

艺术家工坊   展居结合   乐坊

1. 剖轴侧
2. 效果图
3. 二层平面图
4. 小单体图
5. 立面关系图

	1	
2		3
		4
		5

小组成员：景　玥　姜哲惠

坊 间

多层办公楼

N
2M 5M 10M

综合技术经济指标一览表		
项目	计量单位	数值
规划总用地	m²	17870
民宿用地	m²	9436.79
商业用地	m²	1374.56
道路用地	m²	6780.33
公共绿地	m²	3271.87
建筑总面积	m²	10811.35
容积率	%	0.61
地上停车位	个	21
地下停车位	个	98
绿地率	%	0.18

基地位于江苏省苏州市，该片区规划遵循 "两片、三横、一纵" 的格局。其中："两片" 是指街坊现状以新春巷为界呈现两块不同特色的功能片，新春巷以西片以老苏州特色居住功能为主，新春巷以东片以经典小型园林、琴、棋、书、画等老苏州特色文化产业为主；"三横" 是指东西向的三条重要街巷，即马医科巷、宜多宾巷 (韩家巷) 以及嘉余坊 (金太史巷)；"一纵" 即疏通正对城隍庙的神道街向南延伸至金太史巷，在其两侧提高文化功能比例，提高城隍庙和历史街区的融合度。

小组成员：杨 琼 都乐琳
指导老师：申绍杰

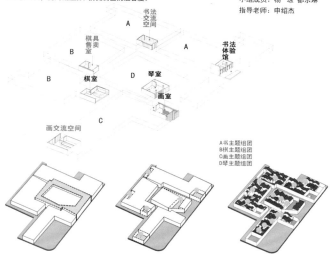

书法
交流
空间
A
棋具售卖室
B
书法体验馆
A
棋室
B
D 琴室
画室
C
画交流空间
A书主题组团
B棋主题组团
C画主题组团
D琴主题组团

基地

坊间

小组成员：杨 琼 都乐琳

坊 间

私密区域 开放区域

场地及周边人流分析

横向轴线分析

组团分析

纵向轴线分析

负一层平面图

多 层 办 公 楼

一层平面图

东立面图

坊 间

小组成员：杨 琼 都乐琳

坊 间

四合院平面简图

三合院平面简图

三合院平面简图

某名居平面简图

曲尺形平面简图

传统布局

室

↓ 重组

室

↓ 排列

室

采光分析图

多层办公楼

二层平面图

西立面图

坊 间

小组成员：杨 琼 都乐琳

坊 间

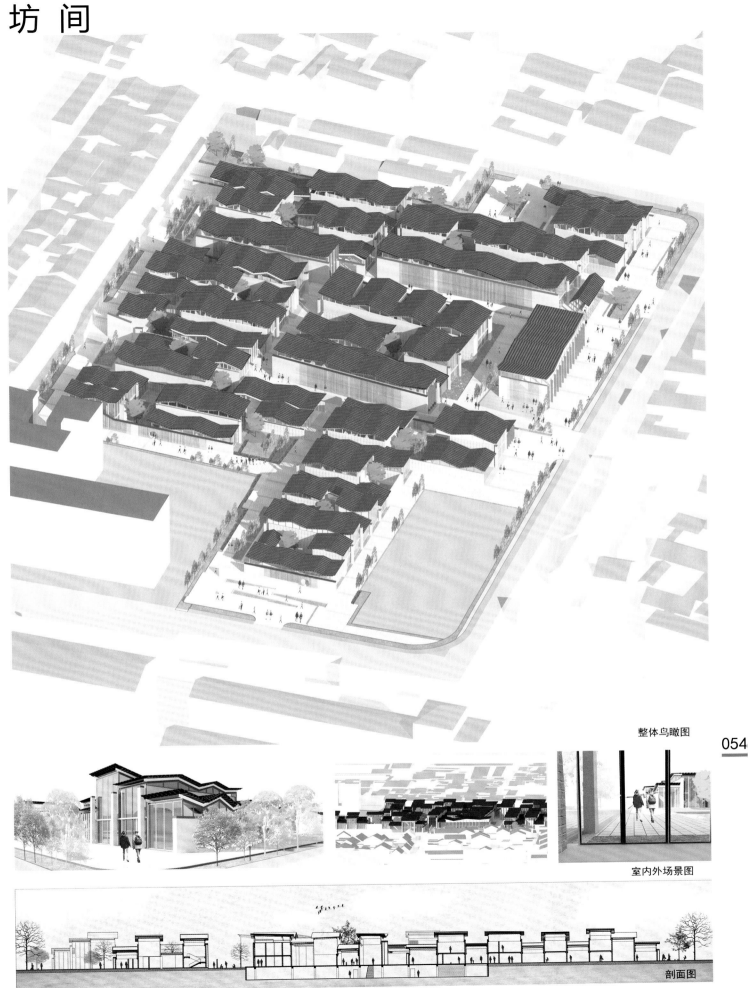

整体鸟瞰图

室内外场景图

剖面图

坊 间

小组成员：杨 琼 都乐琳

坊 间

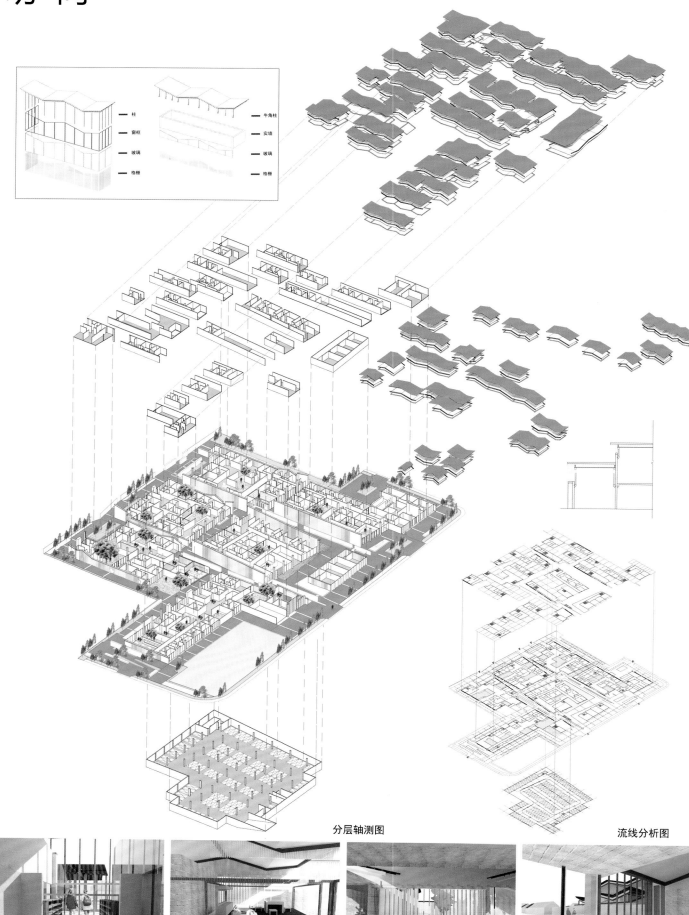

分层轴测图

流线分析图

坊 间

小组成员：杨 琼 都乐琳

厦门大学

Xiamen University

伴屋游园——陈咏雯、解麒华

古城·漫心——时润泽、黄佳焱

构·园——徐琳茜、周思源

古城·记忆——李明阳、王丹健

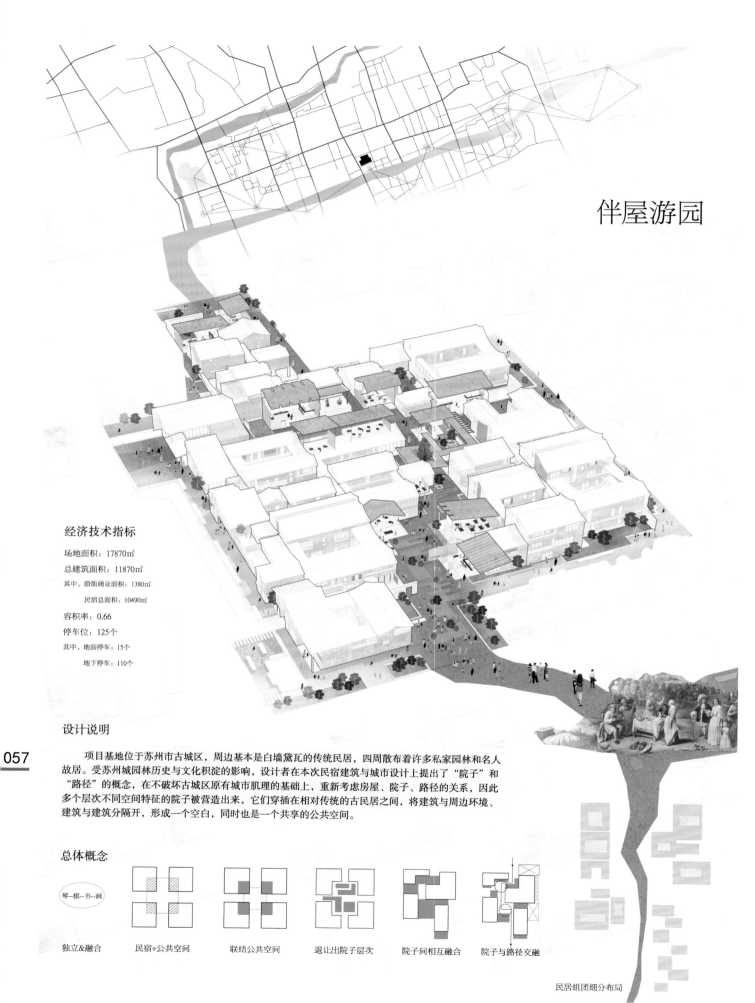

伴屋游园

经济技术指标

场地面积：17870㎡

总建筑面积：11870㎡

其中，沿街商业面积：1380㎡

民宿总面积：10490㎡

容积率：0.66

停车位：125个

其中，地面停车：15个

地下停车：110个

设计说明

项目基地位于苏州市古城区，周边基本是白墙黛瓦的传统民居，四周散布着许多私家园林和名人故居。受苏州城园林历史与文化积淀的影响，设计者在本次民宿建筑与城市设计上提出了"院子"和"路径"的概念，在不破坏古城区原有城市肌理的基础上，重新考虑房屋、院子、路径的关系，因此多个层次不同空间特征的院子被营造出来，它们穿插在相对传统的古民居之间，将建筑与周边环境、建筑与建筑分隔开，形成一个空白，同时也是一个共享的公共空间。

总体概念

| 琴--棋--书--画 | 独立&融合 | 民宿+公共空间 | 联结公共空间 | 退让出院子层次 | 院子间相互融合 | 院子与路径交融 |

民居组团细分布局

小组成员：陈咏雯　解麒华

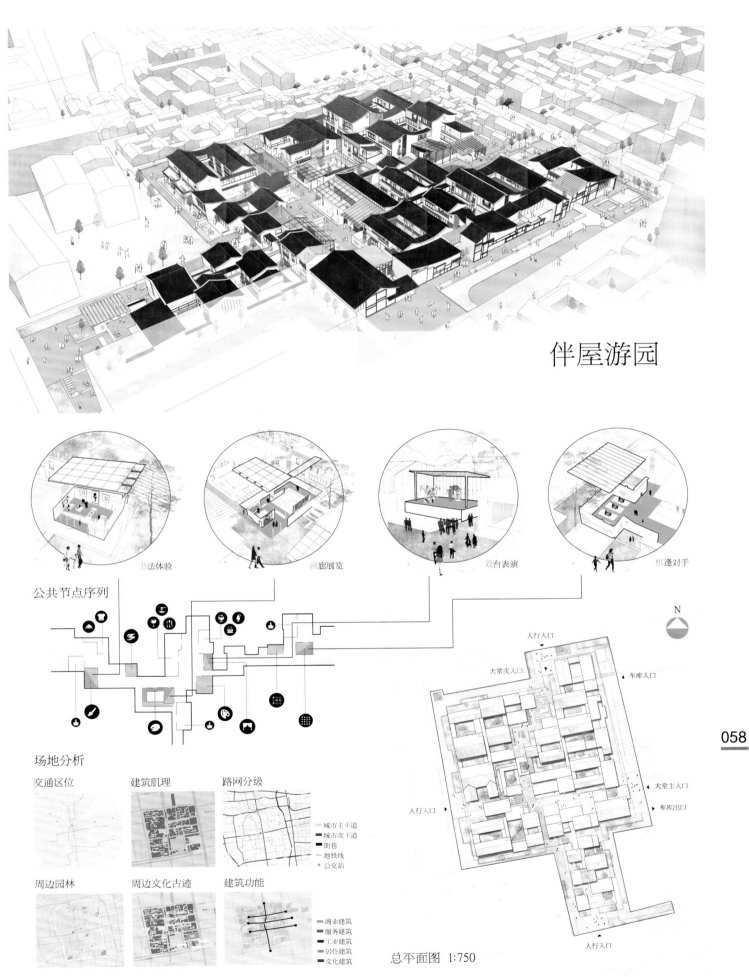

伴屋游园

书法体验　　　画廊展览　　　戏台表演　　　棋逢对手

公共节点序列

场地分析

交通区位　　　建筑肌理　　　路网分级

城市主干道
城市次干道
街巷
地铁线
公交站

周边园林　　　周边文化古迹　　　建筑功能

商业建筑
服务建筑
工业建筑
居住建筑
文化建筑

N

人行入口
大堂次入口　　　　　　车库入口

大堂主入口
人行入口　　　　　　车库出口

人行入口

总平面图 1:750

伴屋游园　　　　　　　　　　　　　　　　　　小组成员：陈咏雯　解麒华

伴屋游园

建筑生成

划分组团　　　　组织组团内部结构　　　确定高度

公共院落边界　　连接屋顶形式　　　　细分公共空间

功能分区

空间布局　　　　房客流线　　　　　　院落分级

院子分级

A级院　　　　　A+B级院　　　公共客厅

A+B+C级院

A 公共院（主题院）——房客+游人
B 半公共院（主题休闲院）——各主题房客
C 私密院（独享院）——本主题房客

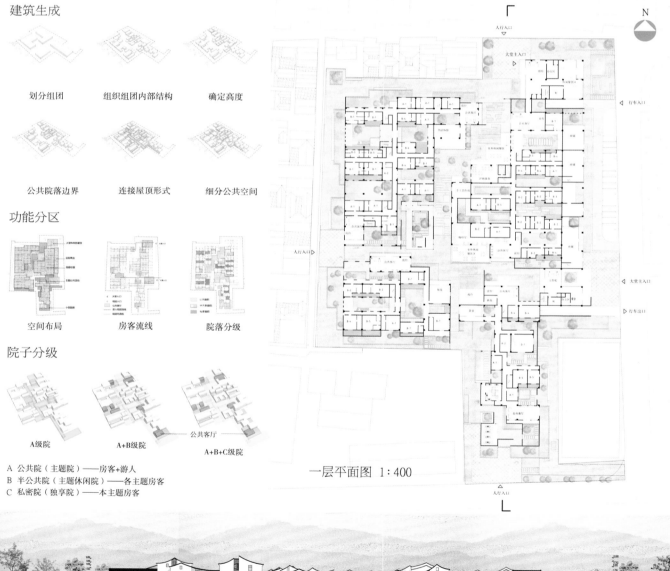

人行入口

大堂主入口

行车入口

人行入口

大堂主入口

行车出口

人行入口

一层平面图　1：400

N

西立面图　1：500

伴屋游园

小组成员：陈咏雯　解麒华

伴屋游园

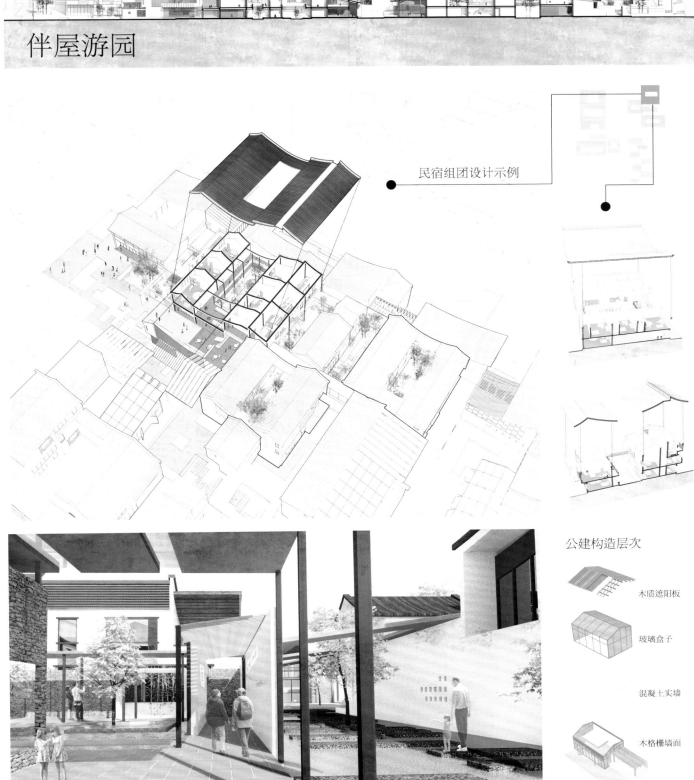

民宿组团设计示例

公建构造层次

木质遮阳板

玻璃盒子

混凝土实墙

木格栅墙面

伴屋游园

小组成员：陈咏雯　解麒华

伴屋游园

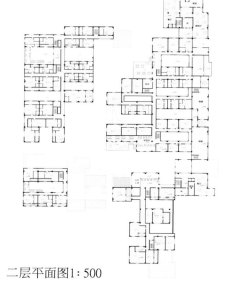

二层平面图1：500

客房户型平面

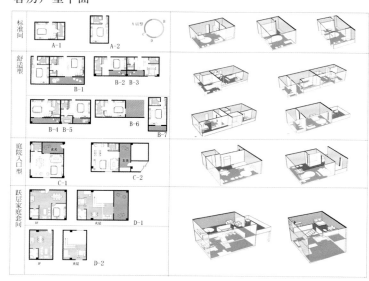

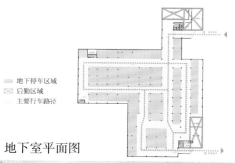

■ 地下停车区域
区 后勤区域
— 主要行车路径

地下室平面图

组团布局形式

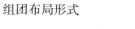

纵向单廊式　纵向双廊式

组团开窗形式

沿街商业立面 1：500

伴屋游园

小组成员：陈咏雯　解麒华

古城·漫心

设计说明　　"漫"者，街巷所游也；"心"者，情之所向也。在粉墙黛瓦的姑苏古城区漫步，不知不觉便已恬然走进了我们的场地之中。本次专题的设计场地位于苏州古城25号街坊，这里环境优美，交通便利，周边拥有怡园、俞樾故居、听枫园、鹤园等历史文化遗迹，也造就了这里独特的文化积淀与生活氛围。我们以苏州传统的城市肌理与街巷空间作为概念来源，通过消解边界及自然渗透的方式将新建筑群置于古城的大背景下，结合现代建筑及庭园的设计手法，表达出我们所理解的新旧建筑之间的对话和共生。

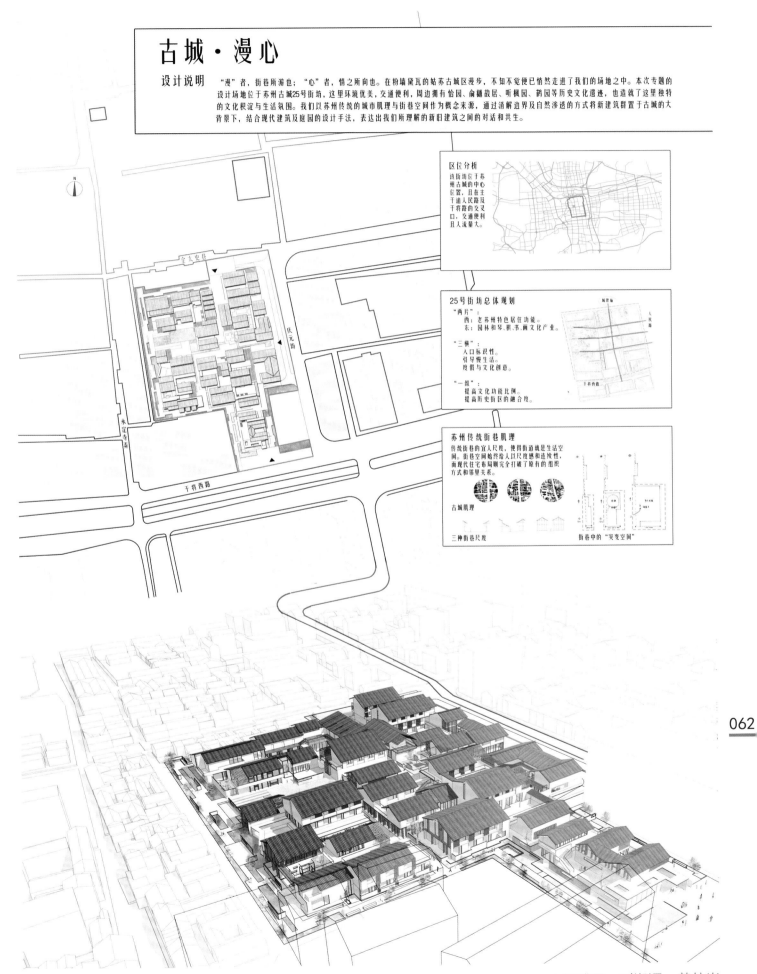

区位分析
该街坊位于苏州古城的中心位置，且在主干道人民路及干将路的交叉口，交通便利且人流量大。

25号街坊总体规划
"两片"：
西：老苏州特色居住功能。
东：园林和琴、棋、书、画文化产业。

"三横"：
人口标识性。
引导慢生活。
度假与文化创意。

"一纵"：
提高文化功能比例。
提高历史街区的融合度。

苏州传统街巷肌理
传统街巷的宜人尺度，使得街道就是生活空间。街巷空间始终给予人以尺度感和连续性，而现代住宅布局则完全打破了原有的组织方式和邻里关系。

古城肌理
三种街巷尺度
街巷中的"突变空间"

古城·漫心

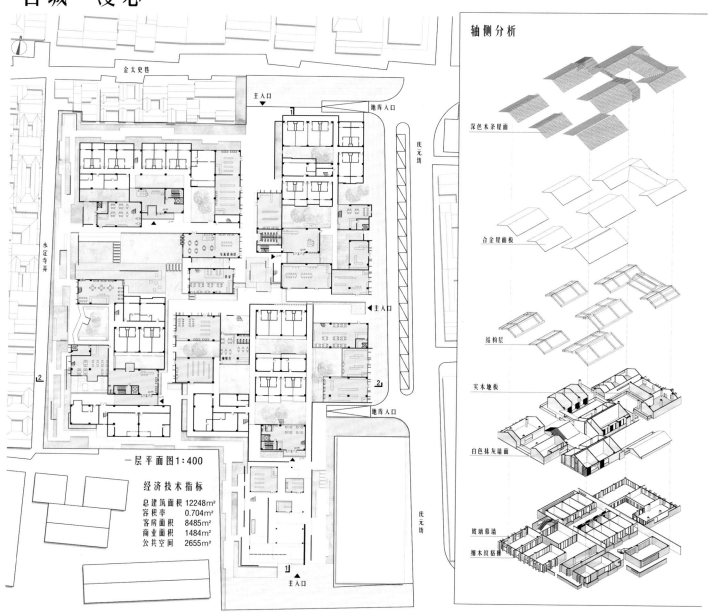

轴侧分析

深色木条屋面

合金屋面板

结构层

实木地板

白色抹灰墙面

玻璃幕墙

细木纹格栅

金太史巷

主入口

地库入口

庆元坊

永定寺弄

主入口

地库入口

庆元坊

一层平面图1:400

经 济 技 术 指 标

总建筑面积 12248m²
容积率 0.704m²
客房面积 8485m²
商业面积 1484m²
公共空间 2655m²

小组成员：时润泽　黄佳焱

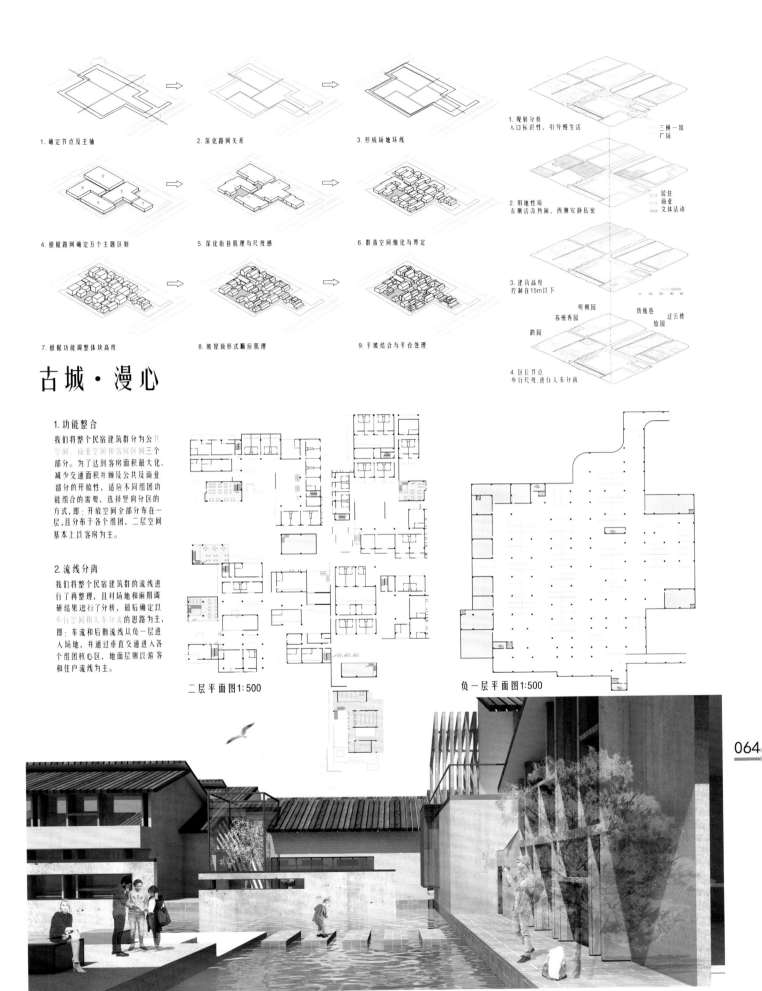

1. 确定节点及主轴　　2. 深化路网关系　　3. 形成场地环线

4. 根据路网确定五个主题区划　　5. 深化街巷肌理与尺度感　　6. 群落空间细化与界定

7. 根据功能调整体块高度　　8. 坡屋顶形式顺应肌理　　9. 平坡结合与平台处理

1. 规划分析
人口标识性，引导慢生活
三横一纵
广场

2. 用地性质
东侧活泼热闹，西侧安静私密
居住
商业
文体活动

3. 建筑高度
控制在15m以下

听枫园　苏州秀园　铁瓶巷　过云楼
鹤园　怡园

4. 区位节点
步行尺度，进行人车分离

古城·漫心

1. 功能整合

我们将整个民宿建筑群分为公共空间、商业空间和客居区域三个部分。为了达到客房面积最大化、减少交通面积并兼顾及公共及商业部分的开放性，适应不同组团功能组合的需要，选择竖向分区的方式，即：开放空间全部分布在一层，且分布于各个组团，二层空间基本上以客房为主。

2. 流线分离

我们将整个民宿建筑群的流线进行了再整理，且对场地和前期调研结果进行了分析，最后确定以步行空间和人车分流的思路为主，即：车流和后勤流线从负一层进入场地，并通过垂直交通进入各个组团核心区，地面层则以游客和住户流线为主。

二层平面图 1:500　　　　负一层平面图 1:500

古城·漫心　　　　　　　　　　　小组成员：时润泽　黄佳焱

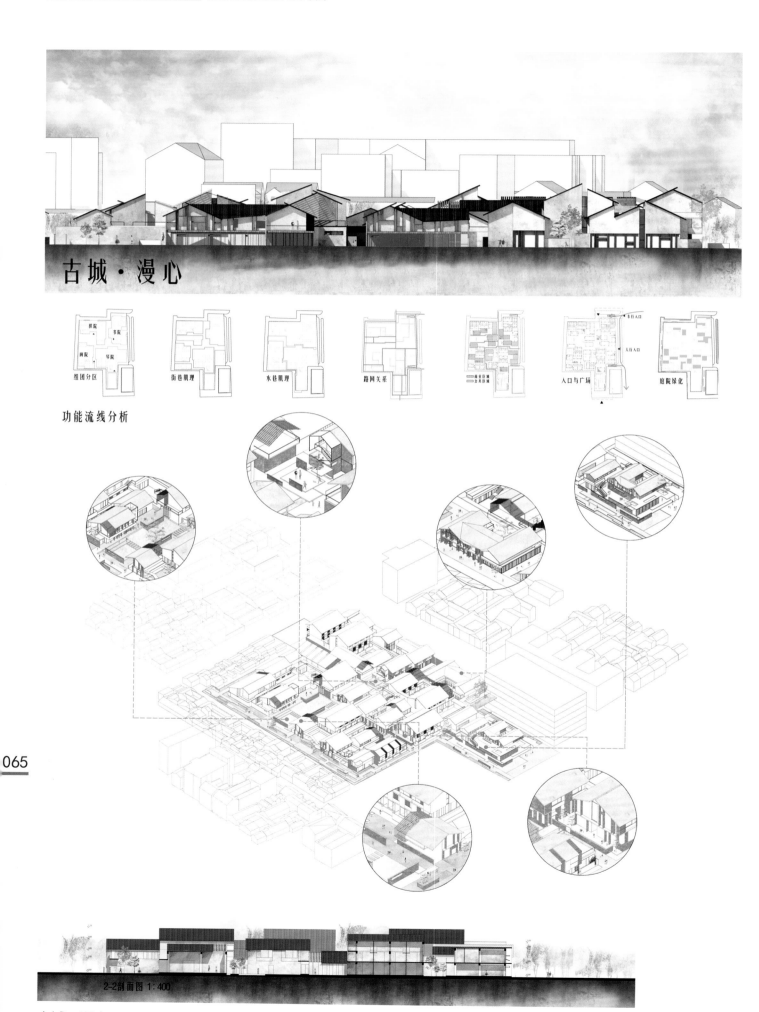

古城·漫心

功能流线分析

组团分区　街巷肌理　水巷肌理　路网关系　入口与广场　庭院绿化

2-2剖面图 1:400

古城·漫心

小组成员：时润泽　黄佳焱

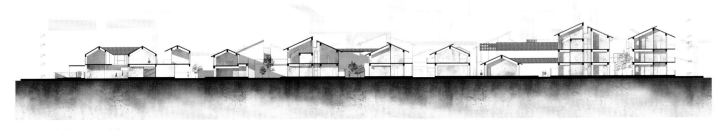

古城·漫心

客房类型

1. 设计包括套房、标准间以及多功能房等七种不同的客房类型，以适应不同的组团环境和顾客需求。

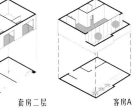
套房二层

客房A

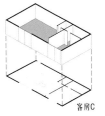
标准间A

客房C

街巷效果图

2. 房间多为南北朝向，拥有良好的采光和通风，且一半房型拥有私密的庭院空间，在保证私密性的同时接触自然。

套房一层

客房B

标准间B

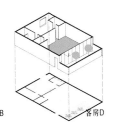
客房D

"琴棋书画"组团效果图

画

066

棋

书

琴

构·园

经济技术指标

建设用地面积：17870 ㎡
总建筑面积：10903 ㎡
地下室面积：5338 ㎡
容积率：0.61
绿化率：0.55
建筑密度：0.31
地下车位数量：113
地面车位数量：29

设计说明

苏州人的时光是浸在园子里的，园林是苏式生活的容器与精髓。
本方案首先对苏州古典园林进行元素提取，并根据元素之间的拓扑关系及开放程度进行概括转化，最后通过现代手法打散重构成新的园林布局。
其次引入共享概念，将园林中心水院与各具特色的主题院落结合，根据其私密程度的不同开放给公众，在保证住客私密性的同时将周围居民及游客融入其中，使得所有人都可以自得其乐，享受苏式生活。

场地分析

区位分析

重要园林分布

路网层级分析

周边建筑功能分析

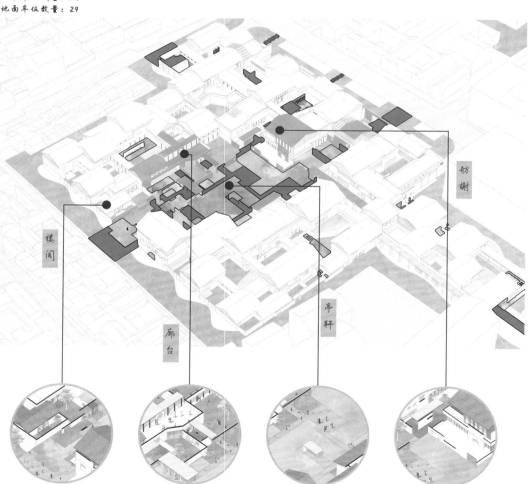

小组成员：徐琳茜　周思源

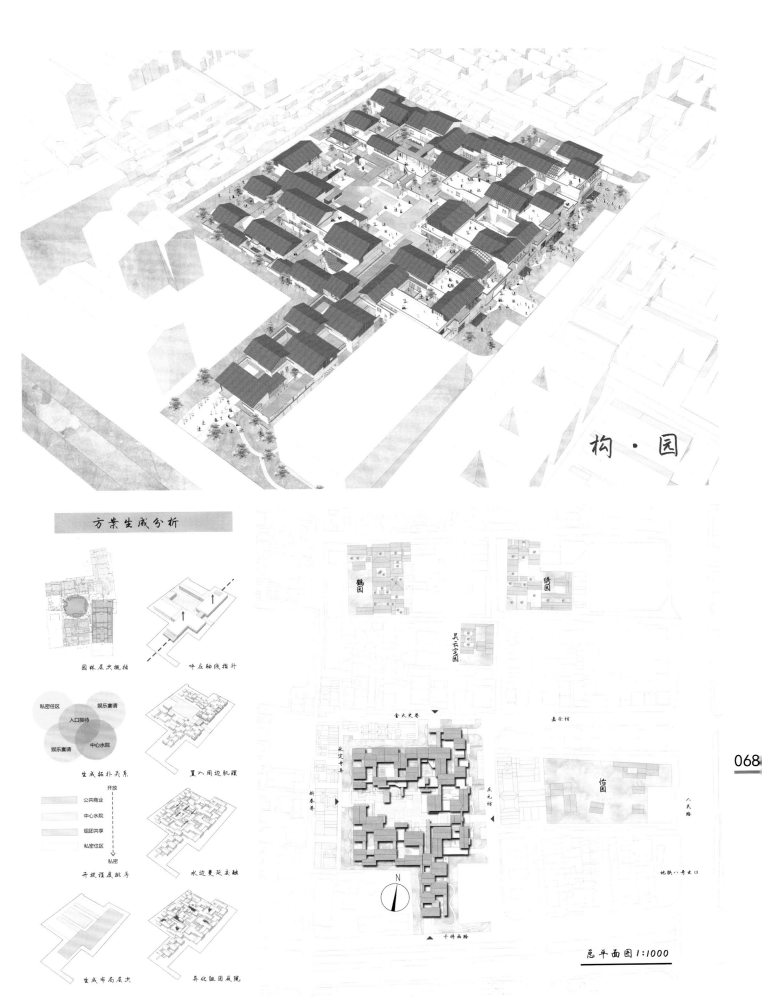

构·园

方案生成分析

园林层次概括　　　　呼应轴线指升

私密住区　　娱乐宴请
入口接待
娱乐宴请　　中心水院

生成拓扑关系　　　　置入周边肌理

开放
公共商业
中心水院
组团共享
私密住区
私密

开放程度排序　　　　水边更筑戏曲

生成布局层次　　　　异化组团庭院

鹤园　　　　　　纺园

吴云宅园

金大史巷

永定寺弄
新奏卷

庆元坊

去余坊

怡园

人民路

地铁八号出口

干将西路

N

总平面图1:1000

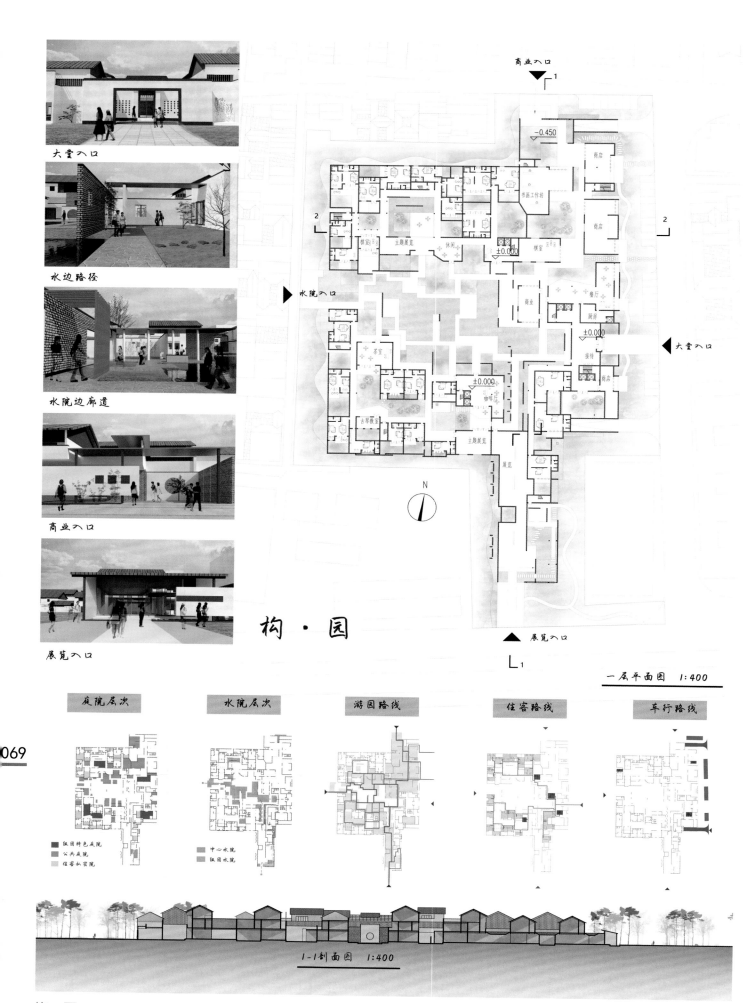

大堂入口

水边路径

水院边廊道

商业入口

展览入口

构·园

商业入口

水院入口

大堂入口

展览入口

N

一层平面图 1:400

庭院层次

水院层次

游园路线

住客路线

车行路线

1-1剖面图 1:400

069

构·园

小组成员：徐琳茜 周思源

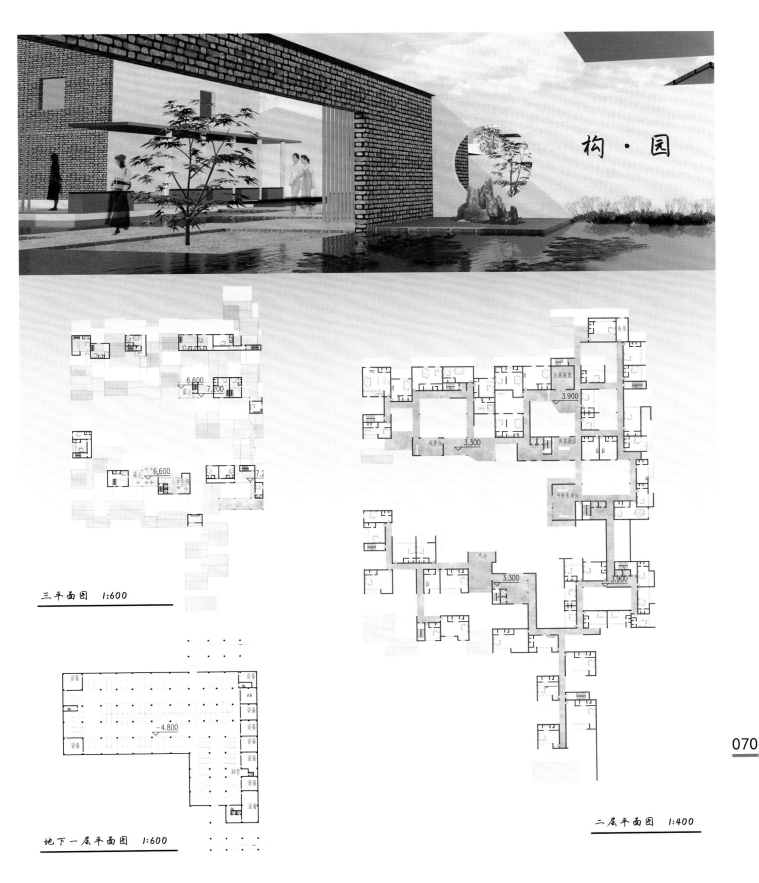

三平面图 1:600

地下一层平面图 1:600

二层平面图 1:400

2-2剖面图 1:400

构·园

小组成员：徐琳茜　周思源

构 · 园

客房各套型数量

30~45 ㎡	16间
45~60 ㎡	28间
60~75 ㎡	22间
75~100 ㎡	23间
100~130 ㎡	4间

屋架结构

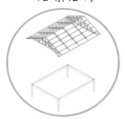

立体钢架
横向钢梁
方形钢柱

墙体构造节点

木屋面
防水层
保温层
支撑钢索
钢梁
方形钢柱

门扇节点

钢梁
转轴套筒
转轴
木质窗框

35~45 ㎡ 标间

45~60 ㎡ 大床房带阳台

45~60 ㎡ 大床房独院

50~75 ㎡ 套房带阳台

50~75 ㎡ 套房独院

75~100 ㎡ 家庭套房

80~130 ㎡ 复式套房

琴院——相遇

棋院——对弈

书院——静观

画院——幻境

东立面 1:400

构 · 园

小组成员：徐琳茜　周思源

古城·记忆

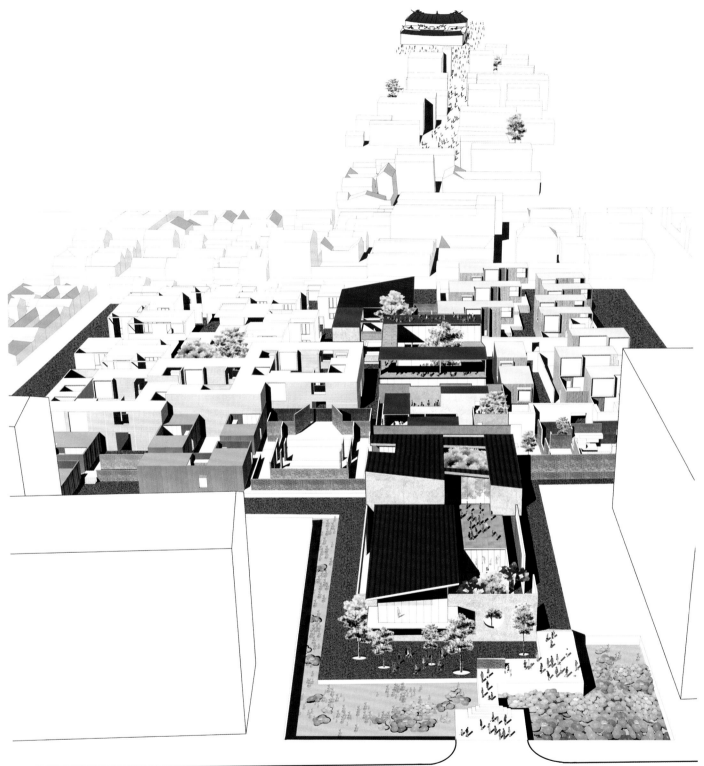

经济技术指标

总建筑面积：11125 m²
容积率：0.62
民宿总面积：9700
客房面积：7350
建筑密度：29.24%

设计说明

本次设计位于苏州老城区。苏州从古至今都是一个让人醉心的地方，它粉墙黛瓦的建筑符号在人们心中留下了深刻的烙印。当今，我们开始思考苏州的感觉能不能裹上时代的外衣继续流传下去。本次设计我们尝试用一种现代的模块化的手段来演绎苏州的感觉。我们通过抽象出苏州建筑的空间尺度和院落布局来搭建我们的"琴棋书画"精品民宿。

小组成员：李明阳　王丹健

古城·记忆

区位分析

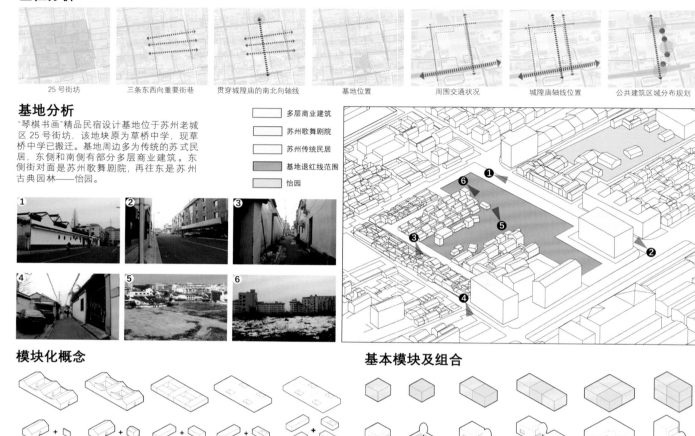

25 号街坊　　三条东西向重要街巷　　贯穿城隍庙的南北向轴线　　基地位置　　周围交通状况　　城隍庙轴线位置　　公共建筑区域分布规划

基地分析

"琴棋书画"精品民宿设计基地位于苏州老城区 25 号街坊,该地块原为草桥中学,现草桥中学已搬迁。基地周边多为传统的苏式民居,东侧和南侧有部分多层商业建筑。东侧街对面是苏州歌舞剧院,再往东是苏州古典园林——怡园。

图例	
	多层商业建筑
	苏州歌舞剧院
	苏州传统民居
	基地退红线范围
	怡园

模块化概念

传统苏州院落组织方式 1　　传统苏州院落组织方式 2　　苏州院落模块化组织　　东西向院落采光问题解决　　多元模块的诠释

基本模块及组合

5×5 居住模块　　5×5 庭院模块　　居住模块 ×1 庭院模块 ×1　　居住模块 ×2 庭院模块 ×1　　居住模块 ×3 庭院模块 ×1　　居住模块 ×2 庭院模块 ×2

生成过程

我们尝试用模块化的方式来进行这次精品民宿的设计,通过对基本模块的组合来重现苏州建筑及院落的尺度感。

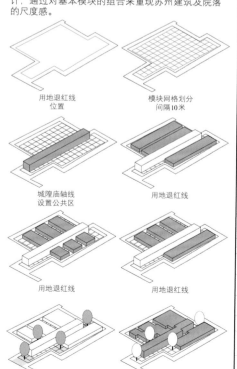

用地退红线位置　　模块网格划分间隔 10 米

城隍庙轴线设置公共区　　用地退红线

用地退红线　　用地退红线

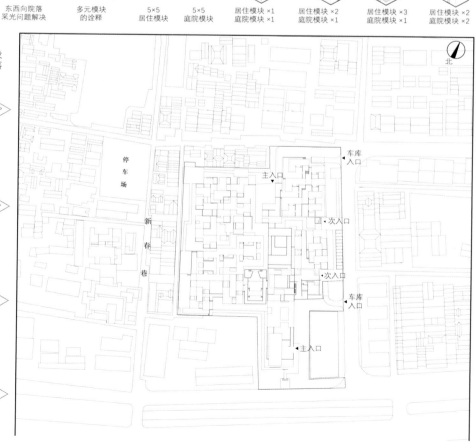

停车场

新春巷

车库入口　　主入口　　次入口　　次入口　　车库入口　　主入口

北

小组成员:李明阳　王丹健

古城·记忆

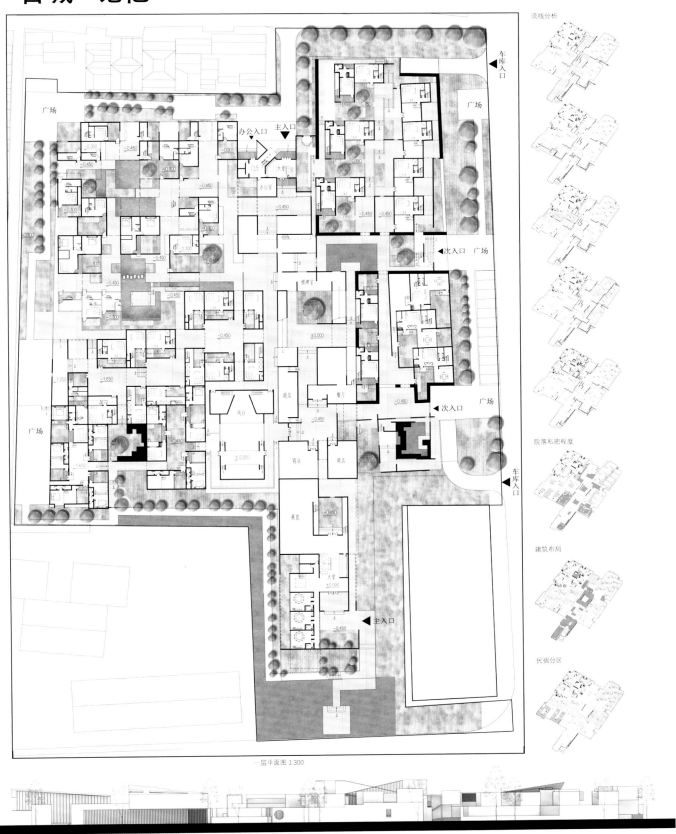

古城·记忆　　　　　　　　　　　　小组成员：李明阳　王丹健

古城·记忆

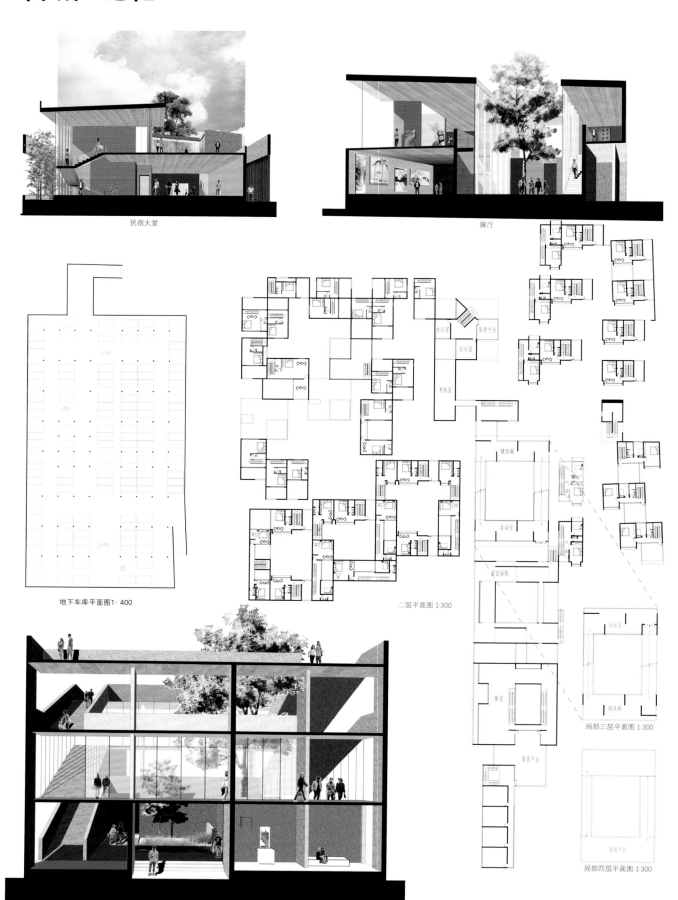

民宿大堂

展厅

地下车库平面图 1：400

二层平面图 1：300

局部三层平面图 1：300

局部四层平面图 1：300

古城·记忆

小组成员：李明阳　王丹健

古城·记忆

户型大样

卧室　客厅
院子　窗户

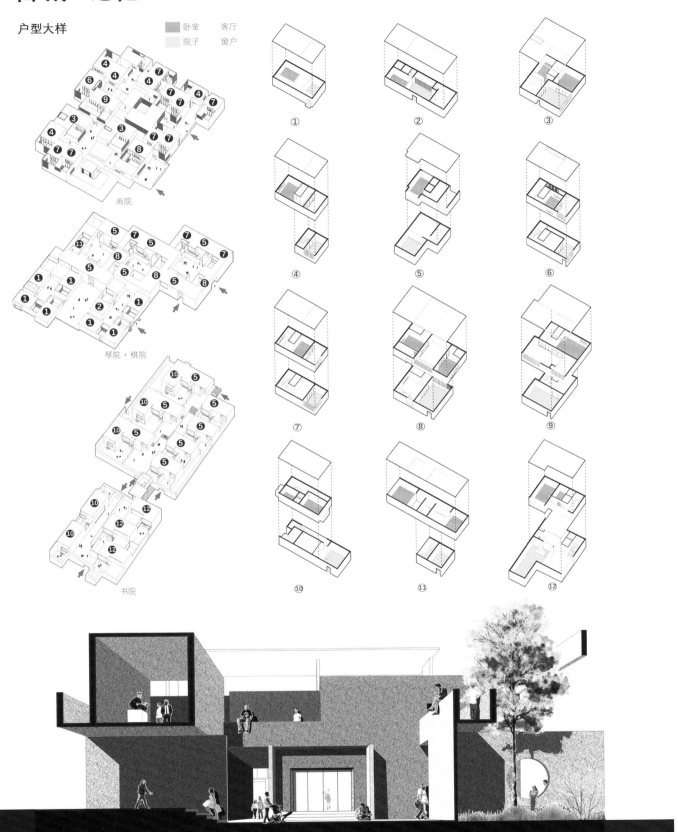

画院

琴院 + 棋院

书院

①　②　③

④　⑤　⑥

⑦　⑧　⑨

⑩　⑪　⑫

古城·记忆

小组成员：李明阳　王丹健

青岛理工大学

Qingdao University of Techonology

琴棋书画　诗酒花茶——李　华

琴棋书画——唐天阳

园中园——宋　易

"琴棋书画"精品民宿设计——王雪健

苏州印象——张祥麟

半隐园——吴文珂

诗酒花茶

体块生成 ....

城市肌理 ....

不规则形状场地

提取古苏州建筑形式
（轿厅和会客厅）

方正规整的"棋"主题组团

25 号街坊城市肌理

半围合的"琴"主题民宿组团

分散排布的"画"主题民宿组团

"书"主题组团商业部分

城市绿地

底层商业与上部民宿功能
结合设置

引入外部水源营造内部
丰富的园林环境

丰富园林环境，
增加连廊，以加强整个园区的联系

设计在城市肌理中

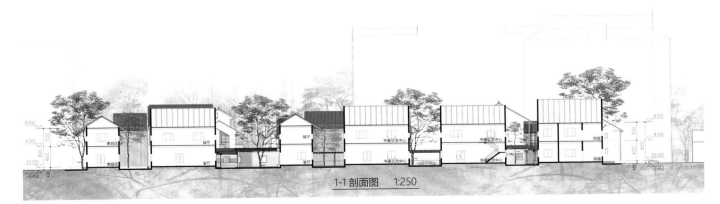

1-1 剖面图　　1:250

琴棋书画　诗酒花茶

小组成员：李　华

"画"主题流线　　　　"棋"主题流线　　　　"琴"主题流线　　　　"书"主题与商业街流线

琴棋书画　诗酒花茶

基地分析 ....

苏州位于江苏省东南部，长江三角洲中部，是江苏长江经济带的重要组成部分。设计基地位于苏州城核心老城区内，苏州老城区拥有悠久丰厚的历史文化底蕴。

负一层平面图　1:500

停车场
设备辅助用房
垂直交通枢纽

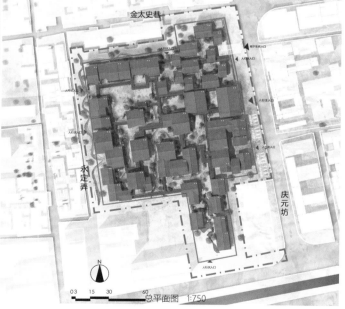

金太史巷

永定弄

庆元坊

0 3　15　30　　　60　　　总平面图　1:750

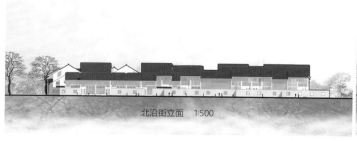

北沿街立面　1:500

南沿街立面　1:500

琴棋书画　诗酒花茶　　　　　　　　　　　　　　　　　　小组成员：李　华

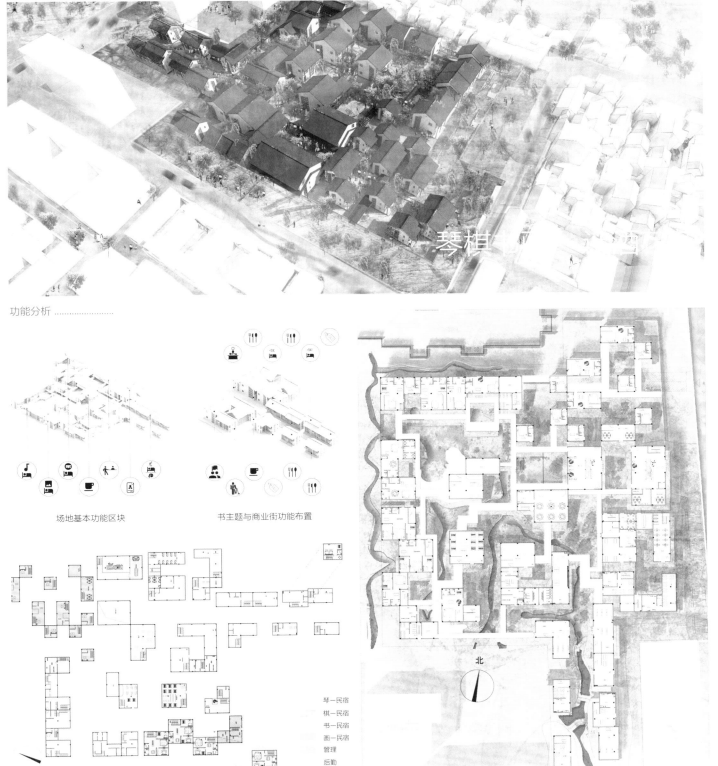

功能分析 ....

场地基本功能区块　　　　　　书主题与商业街功能布置

二层平面图　1:600

琴—民宿
棋—民宿
书—民宿
画—民宿
管理
后勤

一层平面图　1:400

北

东沿街立面　1:750

西沿街立面　1:750

琴棋书画　诗酒花茶　　　　　　　　　　　　　　　　　　小组成员：李　华

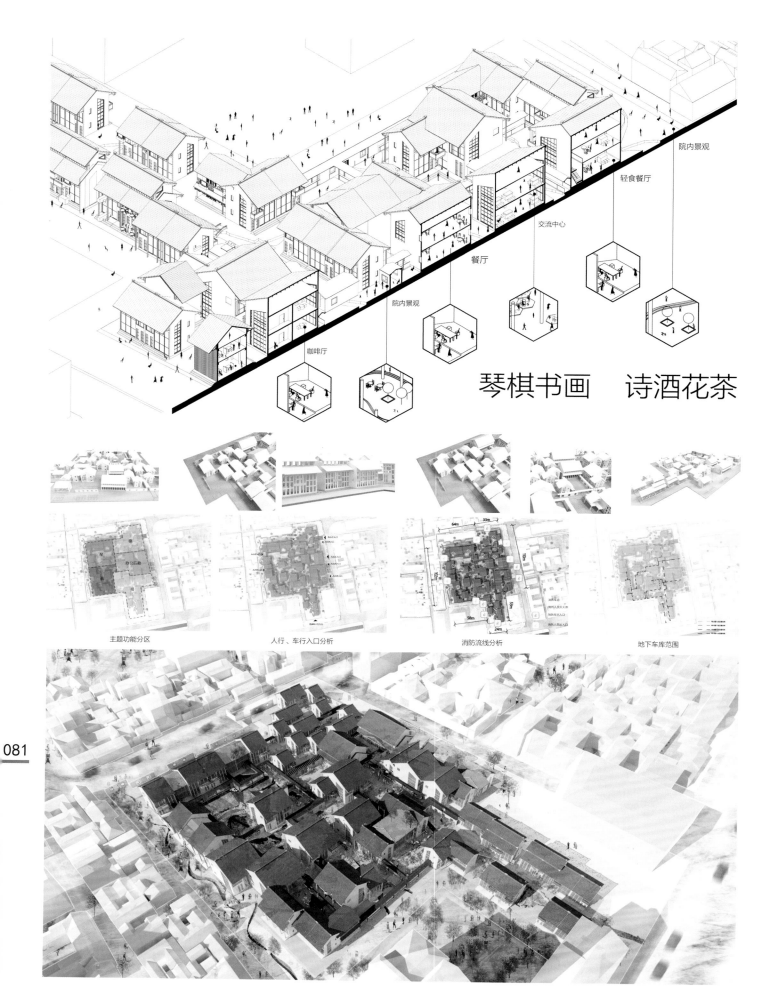

院内景观

轻食餐厅

交流中心

餐厅

院内景观

咖啡厅

琴棋书画　诗酒花茶

主题功能分区　　　　人行、车行入口分析　　　　消防流线分析　　　　地下车库范围

琴棋书画　诗酒花茶

小组成员：李　华

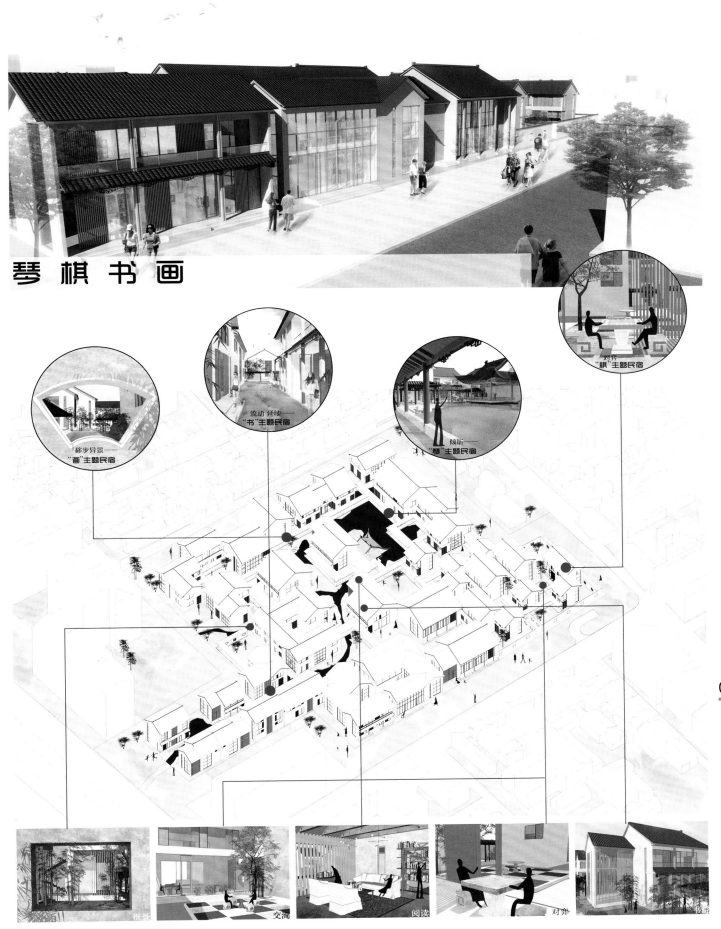

琴 棋 书 画

琴棋书画　　　　　　　　　　　　　　　　　　　　　　　　小组成员：唐天阳

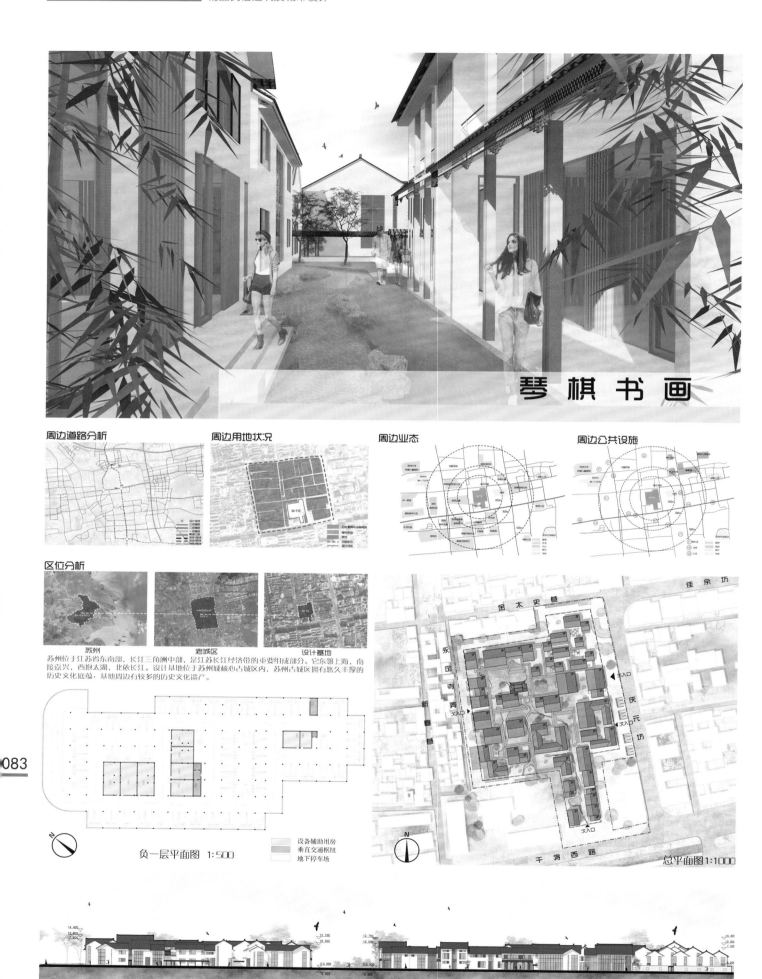

琴棋书画

周边道路分析

周边用地状况

周边业态

周边公共设施

区位分析

苏州位于江苏省东南部，长江三角洲中部，是江苏长江经济带的重要组成部分。它东邻上海，南接嘉兴，西抱太湖，北依长江。设计基地位于苏州城核心古城区内，苏州古城区拥有悠久丰厚的历史文化底蕴，基地周边有较多的历史文化遗产。

083

负一层平面图 1:500

设备辅助用房
垂直交通枢纽
地下停车场

总平面图 1:1000

南沿街立面图 1:600

东沿街立面图 1:600

琴棋书画

小组成员：唐天阳

琴 棋 书 画

概念生成

布局

琴

河师园中戏台与水结合，使音乐有很好的传播效果

棋

从围棋棋盘黑白格的角度切入"棋"主题

书

提取出书法草书中"流动"与"中轴主线"的元素

画

提取国画中"形散神不散"与留白的元素

景观

戏台与水作为"琴"主题的中心，建筑呈半包围布置

加入棋局中的"峰回路转"元素，给棋盘格布局增添变化

沿用书法中的中轴主线布局，其余建筑交错布置

建筑之间的隧道部分用围墙相隔，中间开洞形成框框的效果，做到移步易景

功能

景观上以戏台和水景为主，周边配以游廊，游客和住客可以在此所处观景

景观上将地面铺装做成黑白棋格的形式，配以石桌棋盘和石凳增加交流对弈空间

景观上引入水系，作为中心景观，建筑依水而建，形成水巷景观

在茶室的基础上加入展览功能，在此形成一个现代艺术与传统艺术交融的空间

从功能上引入茶室，茶室内设有评弹茶座，游客可以在此品茶听曲

功能上加入休闲棋社，与茶室相结合，人们可在此处对弈、品茶观景、交流

功能上引入书吧，同时在此可以边喝茶聊天边看书，形成一个休闲交流空间

体块生成

1. 不规则地块

2. 引入苏式园林水的元素

3. 场地东侧为大堂，采用古代轿厅与会客厅的形式

4. "琴"主题组团采用半包围结构布置

5. "棋"主题组团采用棋盘格的布置方式

6. "画"主题组团民宿建筑分散排布

7. "书"主题民宿沿中轴交错布置

8. "书"主题组团采用下层为商业、上层为客房的形式，同时扮演商业街的角色

9. 在客房与客房之间以及组团之间添加连廊，以加强园区联系

084

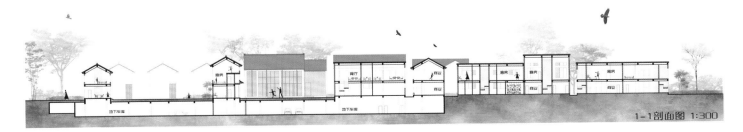

1-1剖面图 1:300

琴棋书画

小组成员：唐天阳

琴 棋 书 画

主题分区

将场地分为五个部分，北侧为"琴"主题与"棋"主题，南侧为"书"主题与"画"主题，东侧为入口大堂及办公后勤区域

水系分析

"水"是苏州园林的重要组成部分，因此在基地中加入水系设置。中心西北侧"琴"主题中引入水系作为藏景区，因此"琴"主题区域的水系曲折幽人，水偏"琴"主题偏向"书""画""棋"主题，各为中要景观元素营造氛围区

地下车库范围

地下车库布于基地东侧，入口位于庆元坊，预先于干将西路主干道的生活循环人义，车库南侧为交叉口，车库内部设置两个人出口人口，其中一处出门可直接进入大堂，另一个可供人行

城市肌理

古马街的及周边城市肌理横横整齐清晰，建筑多为小型民居，建筑密度较高，房屋排布十分紧凑，街巷较为狭窄

周边绿地

基地周围绿地较少，仅在东侧有文化遗产格局作为城市公园，基地周边缺少大面积城市绿化及公共活动空间

入口分析

基地南侧为城市主干道，不宜做为主入口，因此将主入口设在基地西侧及南侧次干道元坊上，结合"书"主题民宿的底层商业形式住宅模式，在南侧设置商业休住入口

消防分析

基地房边环绕一圈留置的车路，并在周围每个方向均设置了人口均留的人员火灾疏散通道，且中基地内部的各个通道可供加消防人员使用

主题流线分析

各个主题流线经过入口大堂后进行分流，分别通向"琴""棋""书""画"四个主题。各个区域都以建筑大部分用齐地藏相连，营加了材料的相的连接，回游也留营了寻引的功能

周边道路

基地南侧毗邻城市主干道干将西路，周边为次一级道路元坊上，周边西侧和北侧均均为人行道的街巷

建筑肌理在城市中

将琴个民宿群的建筑肌理融人城市边道肌理，可以从城市融入周边环境，在原有古城肌理中不会显得过于突兀

经济技术指标

用地面积：17870m²
总建筑面积：15761m²
地上建筑面积：11198m²
地下建筑面积：4563m²
民宿部分建筑面积：8628m²
商业建筑面积：2570m²
容积率：0.63
建筑密度：28%
绿地率：31%
地面停车：10个
地下停车：100个

一层平面图 1:400

小组成员：唐天阳

园中园

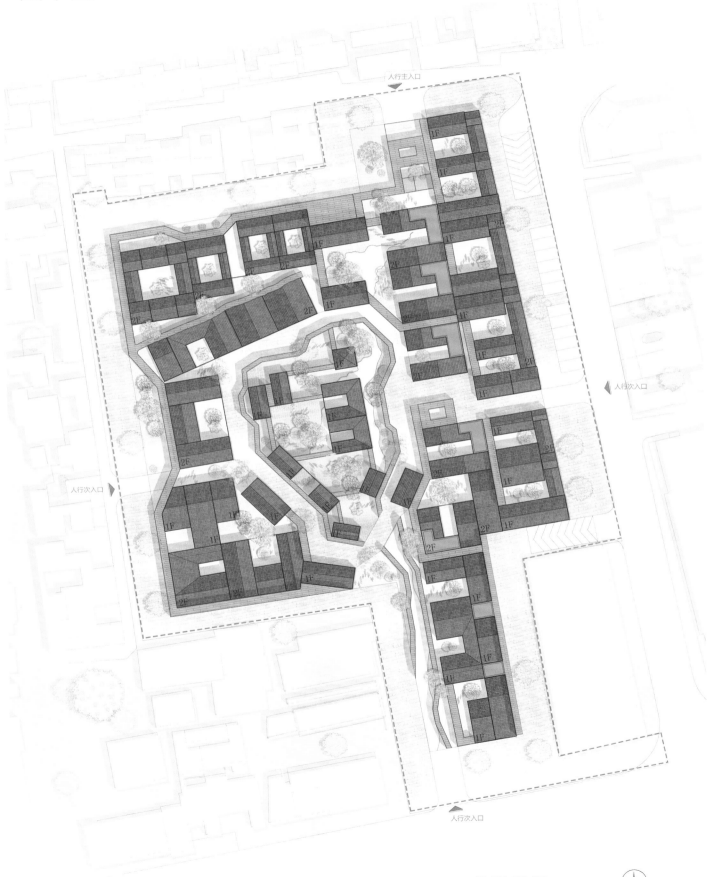

① 总平面图　1:300

园中园

小组成员：宋 易

园中园

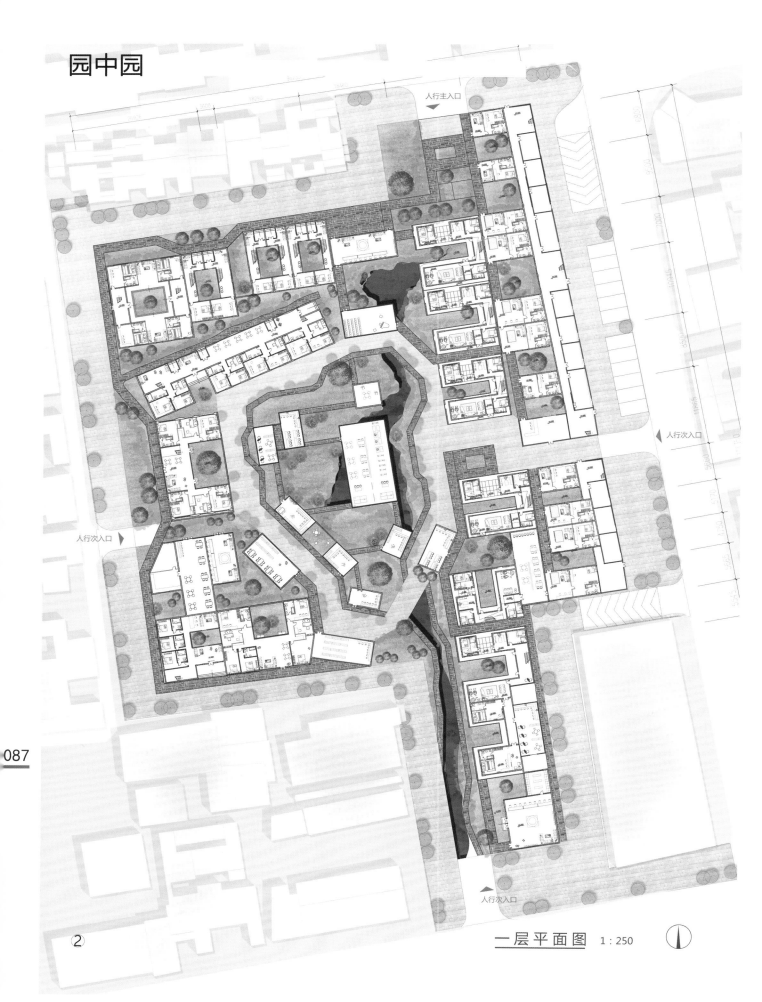

人行主入口

人行次入口

人行次入口

人行次入口

② 　　　　一层平面图　1：250

园中园　　　　　　　　　　　　　　　　　　　　　小组成员：宋 易

园中园

园中园理念体现在"琴""棋""书""画"四部分均对中心有向心性。"琴"部入口曲折悠长，如泣如诉，琴声引入，小处进入，内部放大丰富；"棋"部与商业结合带动街道活力，激发人们的参与感；"书""画"部合二为一，由几条连续不断的廊道串联起来，廊道有展示作用。"琴""棋""书""画"四部分保持其私密性，同时由一条园区路将这四个部分串联成为一个整体，体现了园中园的特点，使民宿成为既私密又有活力的场所。中心园中园采用低矮的廊道、缩小的体量，加剧体现向心性。

园中园部分采用玻璃体，在实体与空之间形成暧昧的关系，不同的结构形式对应不同的空间，通过场地分析、空间关系、环境关系交叠后创造一种意境。苏州传统街区静谧的市井生活氛围，是该方案的出发点之一，丈量大同小异的精品民宿，既统一又富有变化。

1.　　　2.　　　3.　　　4.　　　5.

3

书画流线
"琴"流线
"棋"流线

书画
琴
棋

小组成员：宋　易

园中园

场景图

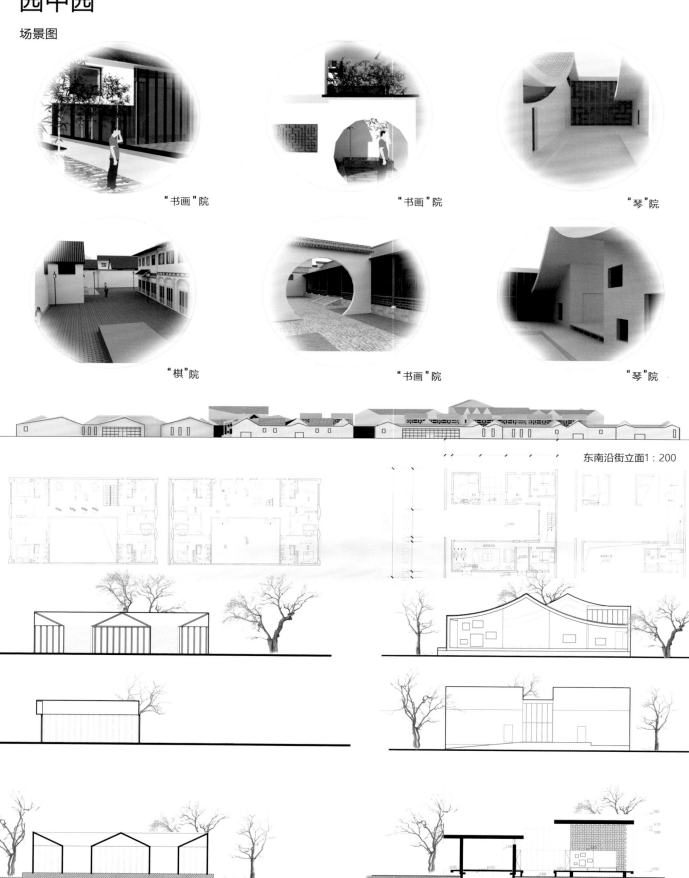

"书画"院　　　　　　"书画"院　　　　　　"琴"院

"棋"院　　　　　　"书画"院　　　　　　"琴"院

东南沿街立面1：200

④

剖面1-1　1：100

"琴棋书画" 精品民宿设计

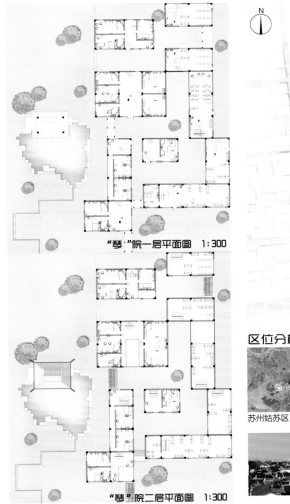

"琴·"院一层平面图　1:300

"琴"院二层平面图　1:300

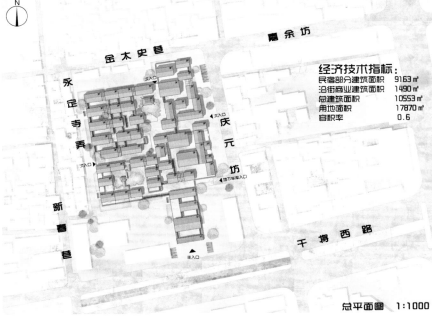

经济技术指标：
民宿部分建筑面积　9163 ㎡
沿街商业建筑面积　1490 ㎡
总建筑面积　10553 ㎡
用地面积　17870 ㎡
容积率　0.6

总平面图　1:1000

区位分析

苏州姑苏区　　苏州古城　　设计地段

宏观区位

中观区位

SITE

基地宏观区位：苏州东邻上海，南接嘉兴，西抱太湖，北依长江，是长江三角洲城市群重要的中心城市之一。设计基地位于苏州市姑苏区，是苏州城内最核心的老城区，老城内固有的历史文化资源形成了特殊的文化核心圈，从而使老城区有别于其他几个重要的区域，是苏州的核心区域。

基地中观区位：设计基地位于苏州古城内，拥有丰富的历史文化底蕴，距离老城内的几个主要园林景点以及观前街、平江路历史街区较近，并且位于苏州古城南北轴线人民路与东西轴线干将路的交汇处，属于老城区内的黄金地段。

琴棋书画　　　　　　　　　　　　　　　　　　　　　　　小组成员：王雪健

方案生成

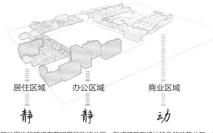

居住区域　办公区域　商业区域

静　静　动

基地周边的环境有着明显的功能分区，形成了具有场地特色的动静分区，在设计时结合场地动静分区，可以将民宿区和商业展示区与基地周边做呼应。

"画"院一层平面图　1：300

"画"院二层平面图　1：300

"画"院单体模型

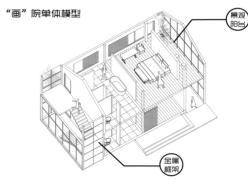

景观阳台

金属框架

"画"院单体立面

上人屋面

木质格栅

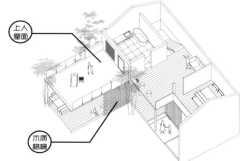

"琴棋书画" 精品民宿设计

琴棋书画

小组成员：王雪健

"琴棋书画" 精品民宿设计

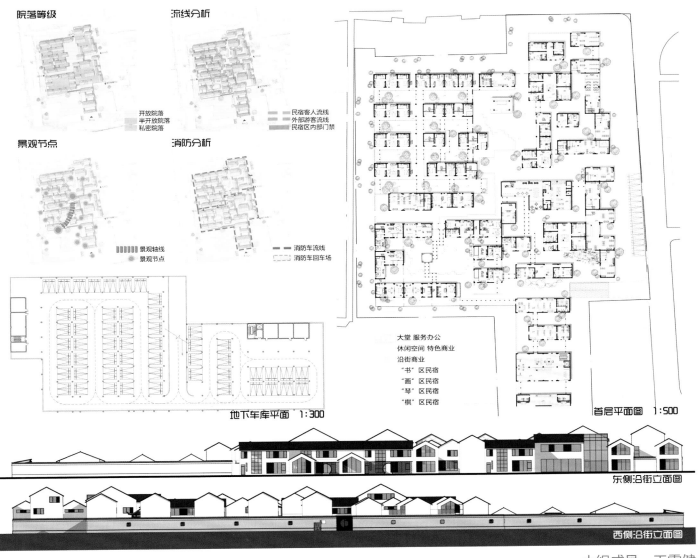

院落等级

流线分析

开放院落
半开放院落
私密院落

民宿客人流线
外部游客流线
民宿区内部门禁

景观节点

消防分析

景观轴线
景观节点

消防车流线
消防车回车场

地下车库平面 1:300

大堂 服务办公
休闲空间 特色商业
沿街商业
"书" 区民宿
"画" 区民宿
"琴" 区民宿
"棋" 区民宿

首层平面图 1:500

东侧沿街立面图

西侧沿街立面图

琴棋书画

小组成员：王雪健

"琴棋书画" 精品民宿设计

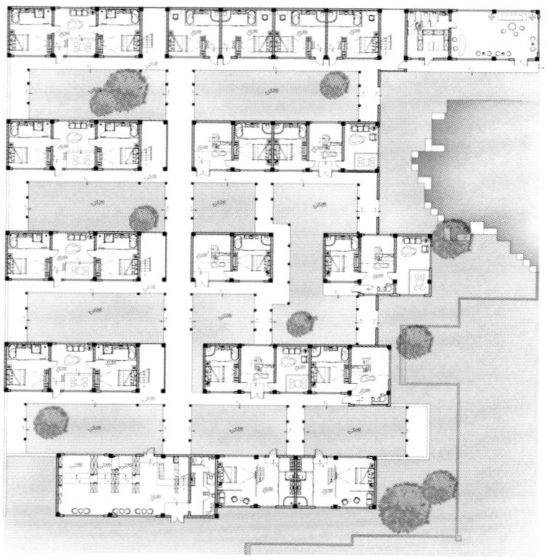

"书"院一层平面图　1:300

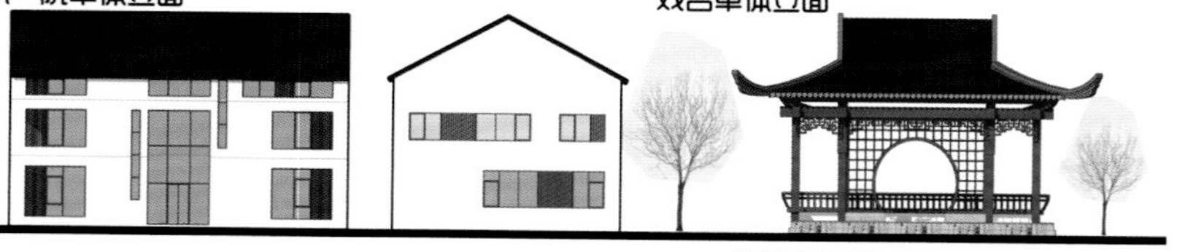

"书"院二层平面图　1:300

"书"院单体模型

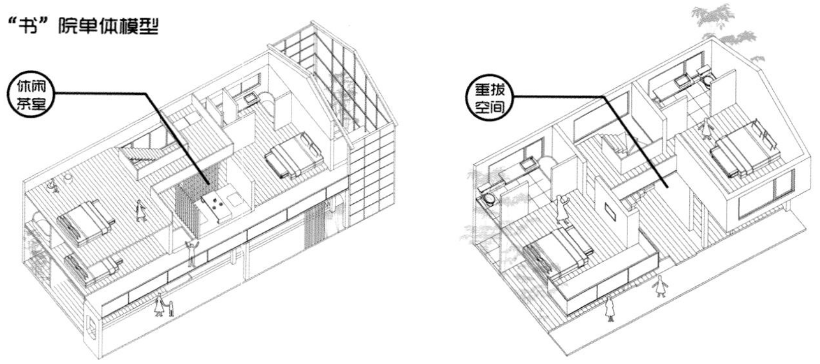

休闲茶室　　重拔空间

"书"院单体剖面

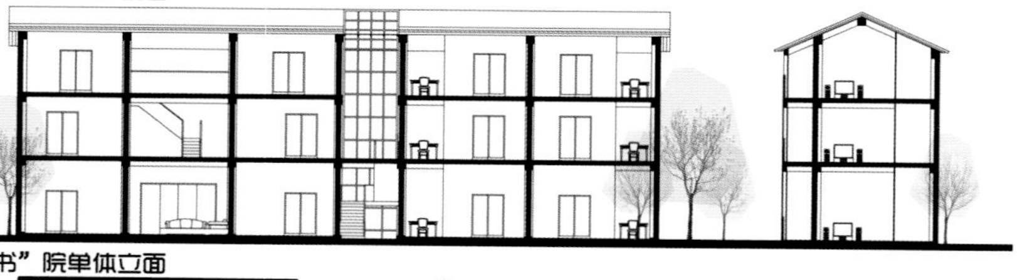

"书"院单体立面

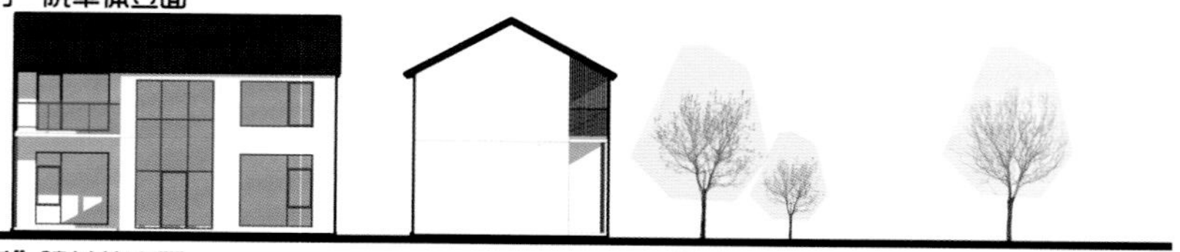

"棋"院单体立面

戏台单体立面

南侧沿街立面图

琴棋书画

小组成员：王雪健

苏州印象

背景认知

区位分析

苏州站苏区　　苏州古城　　设计地段　　宏观区位　　中观区位

SITE

SITE

周边建筑概况

周边资源配置

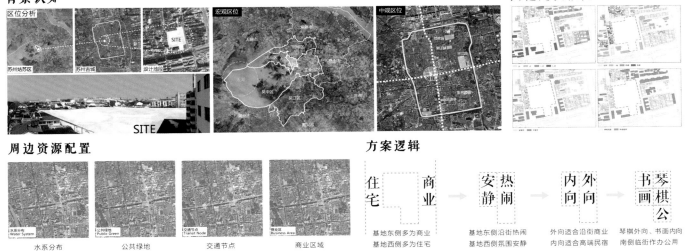

水系分布
Water System

公共绿地
Public Green

交通节点
Transit Node

商业区
Business Area

水系分布　　公共绿地　　交通节点　　商业区域

方案逻辑

| 住宅 | 商业 | → | 安静 | 热闹 | → | 内向 | 外向 | → | 书画 | 琴棋公 |

基地东侧多为商业　　　基地东侧沿街热闹　　　外向适合沿街商业　　琴棋外向、书画内向
基地西侧多为住宅　　　基地西侧氛围安静　　　内向适合高端民宿　　南侧临街作办公用

苏州印象　　　　　　　　　　　　　　　　　　　　　　　　　　　　小组成员：张祥麟

方案逻辑

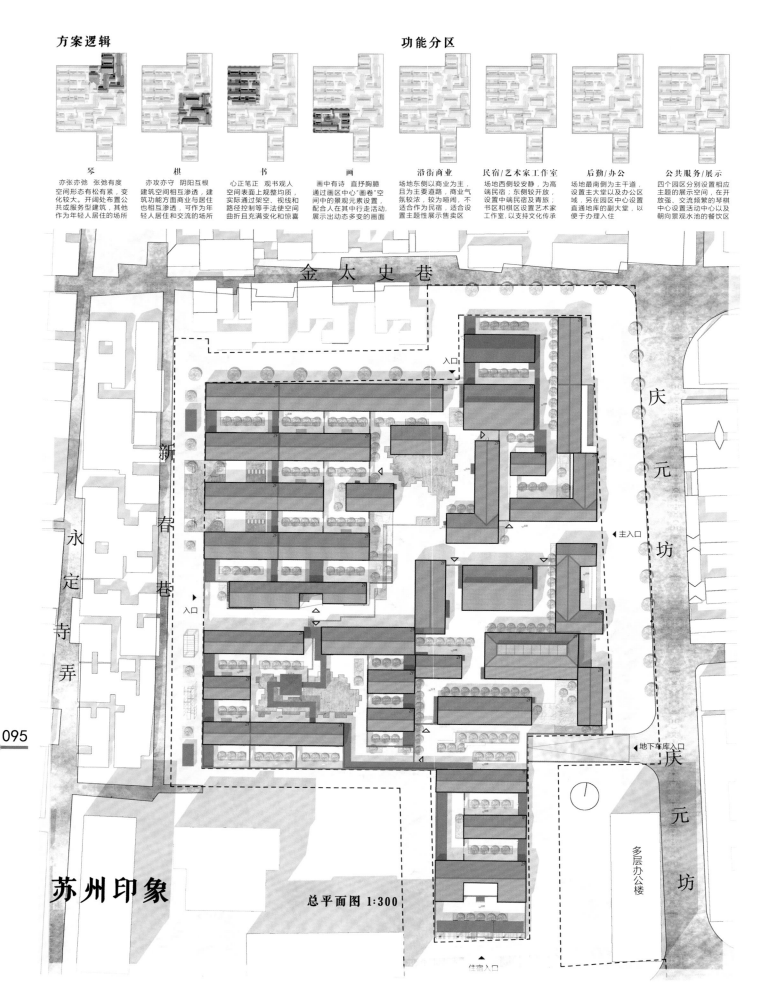

琴

亦张亦弛　张驰有度
空间形态有松有紧，变
化较大。开阔处布置公
共或服务型建筑，其他
作为年轻人居住的场所

棋

亦攻亦守　阴阳互根
建筑空间相互渗透，建
筑功能方面商业与居住
也相互渗透。可作为年
轻人居住和交流的场所

书

心正笔正　观书观人
空间表面上规整均质，
实际通过架空、视线和
路径控制等手法使空间
曲折且充满变化和惊喜

画

画中有诗　直抒胸臆
通过画区中心"画卷"空
间中的景观元素设置，
配合人在其中行走活动，
展示出动态多变的画面

功能分区

沿街商业

场地东侧以商业为主，
且为主要道路，商业气
氛较浓，较为喧闹，不
适合作为民宿，适合设
置主题性展示售卖区

民宿/艺术家工作室

场地西侧较安静，为高
端民宿；东侧较开放，
设置中端民宿及青旅；
书区和棋区设置艺术家
工作室，以支持文化传承

后勤/办公

场地最南侧为主干道，
设置主大堂以及办公区
域，另在园区中心设置
直通地库的副大堂，以
便于办理入住

公共服务/展示

四个园区分别设置相应
主题的展示空间，在开
放强、交流频繁的琴棋
中心设置活动中心以及
朝向景观水池的餐饮区

金 太 史 巷

庆 元 坊

新 春 巷

永 定 寺 弄

入口

入口

主入口

地下车库入口

庆 元 坊

多层办公楼

095

苏州印象

总平面图 1:300

住宿入口

交通设置

主题单体

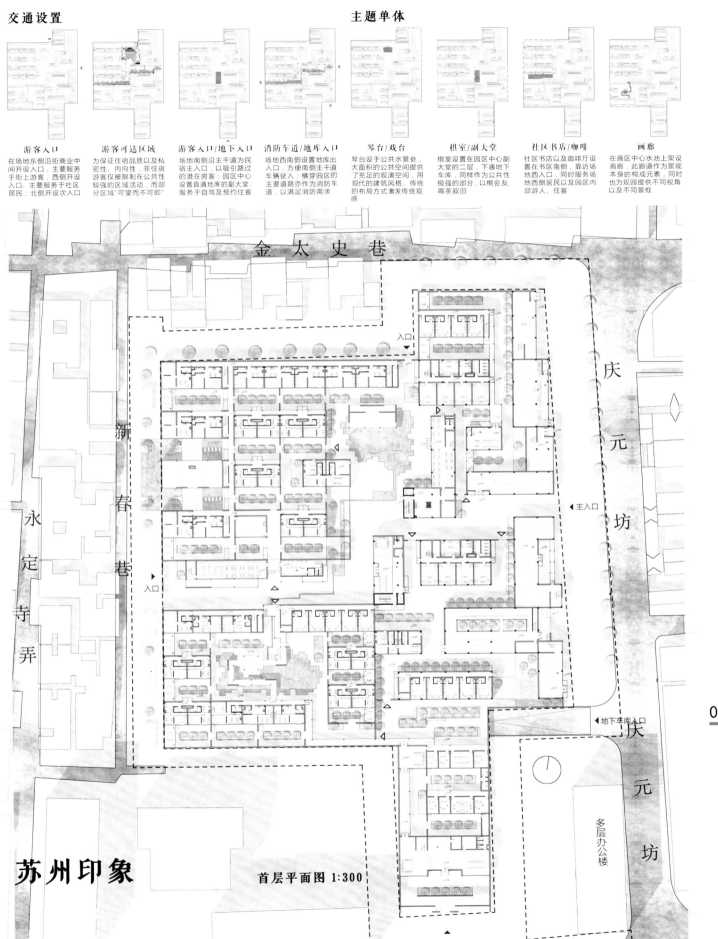

游客入口
在场地东侧沿街商业中间开设入口，主要服务于街上游客；西侧开设入口，主要服务于社区居民；北侧开设次入口。

游客可达区域
为保证住宿品质以及私密性、内向性，非住宿游客仅被限制在公共性较强的区域活动，而部分区域"可望而不可即"。

游客入口/地下入口
场地南侧沿主干道为民宿主入口，以吸引路过的潜在房客；园区中心设置直通地库的副大堂，服务于自驾及预约住客。

消防车道/地库入口
场地西南侧设置地库出入口，方便南侧主干道车辆驶入；横穿园区的主要道路亦作为消防车道，以满足消防需求。

琴台/戏台
琴台设于公共水景处，大面积的公共空间提供了充足的观演空间，用现代的建筑风格，传统的布局方式激发传统观感。

棋室/副大堂
棋室设置在园区中心副大堂的二层，下通地下车库，同样作为公共性极强的部分，以棋会友，喝茶叙旧。

社区书店/咖啡
社区书店以及咖啡厅设置在书店南侧，靠近场地西侧入口，同时服务场地西侧居民以及园园内部游人、住客。

画廊
在画区中心水池上架设画廊，此廊道作为景观本身的构成元素，同时也为观园提供不同视角以及不同景框。

金 太 史 巷

永定寺弄

新春巷

庆元坊

庆元坊

入口

入口

主入口

地下车库入口

多层办公楼

苏州印象

首层平面图 1:300

苏州印象

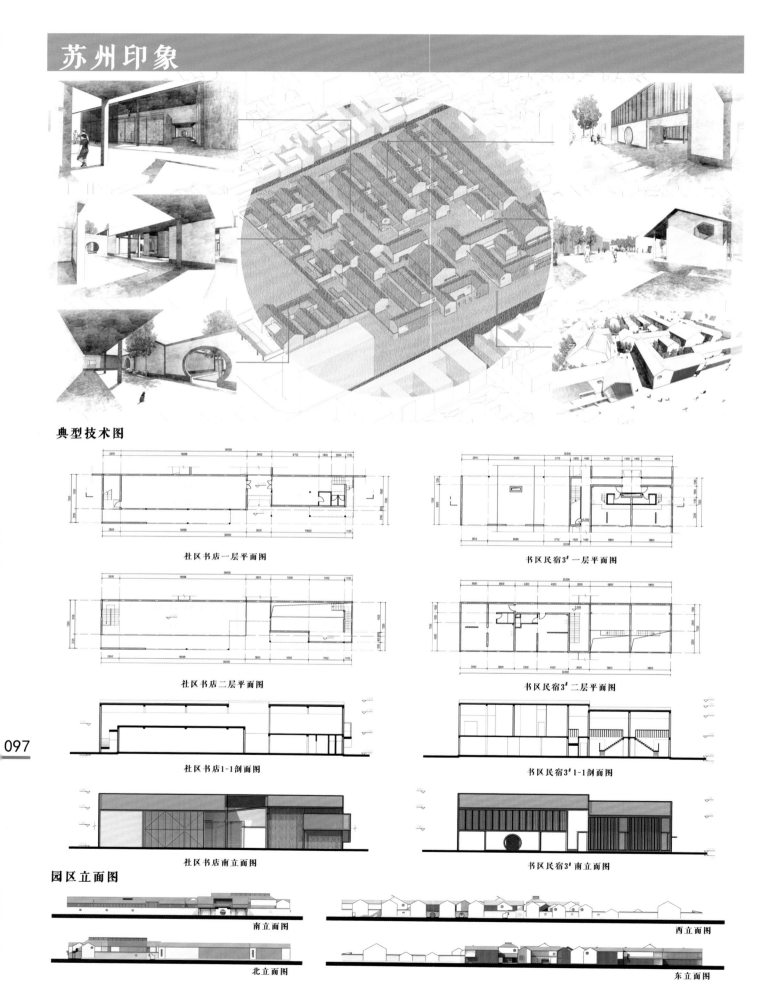

典型技术图

社区书店一层平面图

书区民宿3# 一层平面图

社区书店二层平面图

书区民宿3# 二层平面图

社区书店1-1剖面图

书区民宿3# 1-1剖面图

社区书店南立面图

书区民宿3# 南立面图

园区立面图

南立面图

西立面图

北立面图

东立面图

苏州印象　　　　　　　　　　　　　　　　　　　　　　　　　　小组成员：张祥麟

半隐园

I 城市设计

1.方案生成

从苏州传统民居、私家园林和街巷空间中**提取肌理**，有机组合，从而使民宿适应整个古城区的环境；将苏式生活融入其中，激发场地活力，鼓励自发交往。

2.设计理念

提出"**园林系统**"的概念，即将场地中的所有建筑作为一个园林系统，各种功能分别作为整个园林中的景点，分散布置，路线曲折，引人入胜。

3.过程推演

根据场地形状、功能分区、四大主题要求和容积率等条件对方案进行推演，从而形成最终的城市设计。

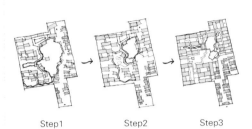

Step1　　Step2　　Step3

半隐园　　　　　　　　　　　　　　　　　　　　　　小组成员：吴文珂

半隐园

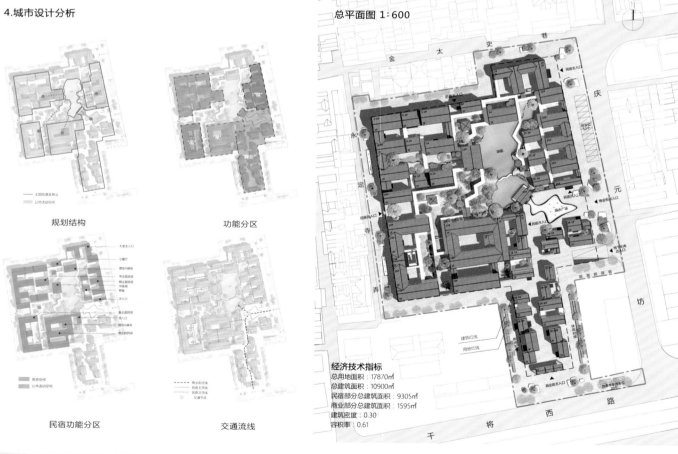

4.城市设计分析

总平面图 1:600

规划结构　　　　　功能分区

民宿功能分区　　　交通流线

经济技术指标
总用地面积：17870㎡
总建筑面积：10900㎡
民宿部分总建筑面积：9305㎡
商业部分总建筑面积：1595㎡
建筑密度：0.30
容积率：0.61

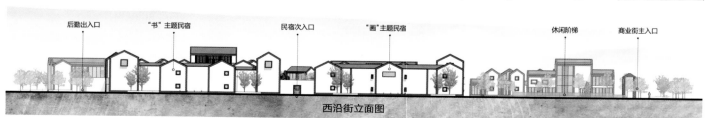

后勤出入口　"书"主题民宿　民宿次入口　"画"主题民宿　休闲阶梯　商业街主入口

西沿街立面图

半隐园　　　　　　　　　　　　　　　　　　　　　　　　　　小组成员：吴文珂

半隐园

Ⅱ 单体设计

1.设计意向

通过对比，可以发现苏州传统民居与现代坡屋顶建筑各自的特点以及它们之间的异同。将一些传统建筑元素进行选择性的保留和改变，与现代元素相结合，即可诠释一种新的属于苏州的现代建筑。

传统

通过调查研究可以发现，苏州传统民居多具有色彩简朴、粉墙黛瓦等特点，使用木质的落地门窗，运用砖雕、月亮门、漏窗等建筑元素。

现代

现代主义建筑崇尚"极简主义"，使用玻璃幕墙。当与坡屋顶相结合时，屋顶和墙面使用同一种材质，可以营造一种现代的、统一的外观。

2.模型展示

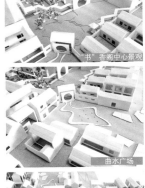
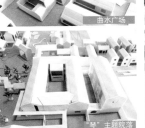

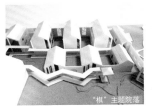

一层平面图 1:500

半隐园　　　　　　　　　　　　　　　　　　　　　　　　小组成员：吴文珂

2.设计生成

将传统建筑的坡屋顶、**黑白色调**、花窗、外廊等元素予以保留；将瓦屋面改为**砖屋面**，材质采用**中国黑花岗岩**，同时去除屋檐，使整体更加简洁。传统的木质门窗则用**玻璃幕墙**代替，形成最终的效果。

传统元素　　　　　现代元素

3.户型设计

大床房1

标准间1

大床房2&标准间2

复式套房

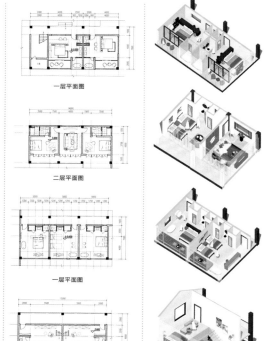

一层平面图

二层平面图

一层平面图

二层平面图

半隐园

半隐园

小组成员：吴文珂

大事记及感言
MEMORABILIA
AND REFLECTIONS

苏州古城 25 号街坊 "琴棋书画"
精品民宿建筑及城市设计

开题调研成果

中期调研成果

终期答辩成果

申绍杰
苏州大学

参加联合毕业设计是我很珍惜的一个机会，一是可以和厦大、青岛理工的师生进行深度交流，再就是青岛、厦门都是我喜欢的城市，也可以借此机会再会故地友人。在毕业设计题目中，我特别强调环境空间的形式，希望这个建筑像老苏州的城市肌理那样，和老城融合成一片，让人们可以在其中穿梭寻觅。在建筑本身的形式表达上，则减轻了学生的限制和负担，鼓励他们发挥和表达。这或许就是王润生教授点评的"外地的同学都希望很苏州，苏州的同学希望很不苏州"吧。汇报、点评是紧张的，交流、学习是愉快的，收获是充实的。

穿梭在三地，得到的不仅是毕业设计成果。青岛的八大关、厦门的鼓浪屿、苏州的平江路，三个各有特色的优美城区，怎能不让学建筑的人流连忘返呢？青岛理工建筑学院完善的教学实验建设、厦大建筑学院浓郁的人文气息也给我留下了深刻的印象。交流期间，同学们互做导游，结伴游玩。老师之间也结下了友谊，厦大林老师、严老师的热情友善，青岛理工程然老师的谦逊朴实，都让我不时想起他们。

张 靓
苏州大学

十分有幸参与指导苏州大学、厦门大学、青岛理工大学共同组织的首届三校联合毕业设计。三座历史文化名城都有着丰厚的历史积淀和文化底蕴，而街区形制、建筑艺术风格又各具特色。来自三个城市的老师和同学们也对传统与现代的关联以及传统文化价值在当代的呈现手段有不同角度的思考和探索。联合设计是一次难得的彼此交流、思想碰撞、互通有无的机会，给每位参与者提供了一次自我检验、开拓求索、知识升级的机会，同时也为每所学校的教学组织提供了新思路并注入了新鲜的血液。

第一届联合毕设由发起方苏州大学承担出题工作，项目选址在苏州古城区。近年来苏州大力推动全域旅游，积极发挥古城旅游核心作用，民宿是推动游客深度体验的抓手，也是体现苏式慢生活的重要载体。本次设计题目"琴棋书画"精品民宿设计是当下苏州古城发展的一个真实项目。面对现实问题和矛盾，三所学校的同学给出了不同的答案。苏州同学的方案最"不苏州"，四个小组的方案均以现代的设计手法呈现，试图探寻一种传统精神的现代转译；厦门同学的方案重在设计逻辑的清晰推演和表达；青岛理工同学的方案贵在对项目可落地、可实施性的深入推敲。

三个月的时间里，三所学校师生密切交流互动，不但建立了深厚的友谊，还彼此切磋教和学的经验。就我个人而言，收获了许多非常好的教学实践经验。例如将青岛理工大学介绍的 "展评"的评图方式应用于苏大设计课终期评图，较之传统方式大大提高了学生的参与度，受到老师和学生的一致好评。感谢本次联合设计各参与学校老师和同学的共同努力，期待有更多的高校师生参与进来，期待今后有更多精彩的作品呈现。

严 何
厦门大学

本次联合毕业设计提出了一个非常有趣的话题：如何在富有历史文化积淀的老城区内，以现代的方式来延续传统生活和城市脉络？苏州大学、厦门大学、青岛理工大学三所学校建筑学专业的同学们以各自的方式和理解，在相互的交流和讨论中给出了自己的答案。从初期在苏州对老城区的现状调研、中期在厦门的交流讨论，再到终期在青岛的汇报答辩，可以看到三所学校的同学所关注的问题、所提出的策略并不全然相同，最终的成果也各具特色。但这并不影响大家对城市功能更新和历史场景活化的关注与思考。在这一过程中，不同学校的同学相互学习、探讨辩论，相互长补短，在最终的汇报中提交了丰硕的成果。

在这次设计交流活动中，三所学校分别体现出各自的教学特色和设计关注点，有对历史元素的抽象和凝练、有对历史场景的再现和还原、有对城市文脉的延续和转译，这种思维的碰撞凝结成了一份精彩的设计构想。在这样一个交流的平台上，与兄弟院校的各位老师和同学进行深入的交流令我受益匪浅。相信这样的交流活动同样每一位参与其中的老师和同学都有新的收获。感谢各位老师对于这次联合设计的精心组织，感谢各校院长对于这次活动的关心和支持。期待未来各校有更多的同学参与其中，呈现出更多更精彩的作品。

林育欣
厦门大学

我有机会参加三校联合毕业设计，非常高兴。由于设计基地选在苏州古城区内，街坊内有怡园等历史文化遗迹，这使我感觉非常有挑战性。满怀着对苏州园林和江南雅致生活的向往，我兴致勃勃地与同学们一起开始了设计背景资料的准备。

首先，在开题和现场调研过程中，得到了苏州大学老师和同学的热情接待和帮助。通过专题讲座和实地考察，我们切身体会到苏式生活的魅力和当地文化历史的深厚积淀，这些一直激励着我们团队努力地做出配得上这个环境、有真正吸引力的苏式民宿。其次，当三个学校的师生来到厦门大学进行中期汇报检查时，大家相互讨论交流。我们从兄弟院校同学的优秀设计中学到了不少精彩的设计思路和表达方式，这促进了我们后期方案的完善和提高。这次毕业设计的苏州精品民宿要求以"琴棋书画"为主题，强调街坊文化与园林特色。我们师生虽然尽力去完善方案并探索提高，但是由于能力局限和时间仓促，最终设计作品还是留下不少遗憾，很难达到苏式传统独特的优雅与精巧，感觉与想要追求的苏式生活格调仍有不小的差距。最后，我们来到青岛理工大学进行毕业设计成果答辩，图纸成果的展示和评委老师的指导让我们对这次毕业设计教学有了更深入全面的探讨和反思。其间，热情好客的青岛理工师生带我们看遍了最重要的青岛近代建筑，让我们大开眼界。

三校联合毕业设计是一种非常好的教学合作交流方式。在这次高难度的毕业设计过程中，三校师生的多层次互动，对苏州大学和青岛理工大学建筑教学特色的学习借鉴，对三校教学过程和成果的分析比较，对我们厦门大学未来进一步的建筑教学改革有很大的帮助，希望联合毕业设计越办越好。

程 然
青岛理工大学

非常有幸能够参加指导这次联合毕业设计。本次联合毕业设计以"苏州古城25号街坊'琴棋书画'精品民宿建筑及城市设计"为主题，为同学们提供了一次相互交流建筑理解的绝佳机会。中国是一个幅员辽阔的国家，这种辽阔不只体现在地域的广袤，也体现在地域间思维与文化的广度。三所相隔千里的建筑学院的学生，对于"街坊"这一古老而又现代的建筑组织形式，提出了不同的方案和见解。来源于不同生活方式与体验的解读，基于长期研究的力图创新和基于传统印象的符号重构，广阔地域所带来的文化间微妙的差异，为同学们认识建筑、理解城市带来了新的感悟和思考。建筑设计来源于设计者对于建筑的认知，这种认知局限于设计者自身的学习经历和生活体验。联合毕业设计无疑为学生超越自身限制提升自我提供了一个高效的交流平台，同时也为教师交流教学经验从而改进固化的教学模式提供了难得的机会，这是联合毕业设计提供的无可替代的价值所在。对于能够参加这次联合毕业设计的学生而言，无疑是幸运的；对于我个人而言，同样是幸运的。感谢各位老师和同学，能够和你们一起设计，是人生中的美好。

苏州大学

姜哲惠

这一段毕业设计是我大学生涯中最难忘的时光。不是拖着行李箱，身体在路上；就是脑子转不停，思想在路上。作为一次独特的三校联合毕业设计，我们有机会带着设计与青岛、厦门两地的师生交流，看到异地人与物不一样的思维和风格，也从中发现自己的不足和局限。

我非常感激我的搭档，是相互扶持和鼓励，使这次设计顺利完成。我们把在苏州这五年的生活感知相互输出，从各自的视角为设计注入内涵，希望完成对于老苏城的一次新解读。我们对于传统文化的理解是，它需要一种"活水"的传承，而不是割裂的扁平的保护，因此我们希望完善一种"展—创—居"相结合的艺术工坊和文化社区模式。

我还要感谢我的导师张靓老师，她在专业上给予我们很大的创作自由，会耐心细腻地理解我们的思路，温和却稳定地指导我们深化方案、把握方案。在繁忙的毕业季，她像长辈一样关怀我们，让我在毕设的同时，安心地完成学业的进阶。

景 玥

城市是由人类的梦想建立起来的，建筑和城市一样，有心也有灵魂。在建筑中，能感受到记忆与意义，体会到被唤起的心灵与文化的渴望。

——Daniel Libeskind

苏州古城 25 号街坊"琴棋书画"民宿设计不仅仅是建筑本体的设计，更是关于复杂城市背景下的时间、空间与场所的探究。面对城市历史形态，该以何种方式使其既体现苏州的地域性特征又满足多元化的现代生活需求是本次设计的核心。面对场所需求，纳入城市公共活动系统与民宿展创区不同开放度的院落结合；面对城市记忆，抽取提炼不同园林院落的流线及功能组织方式，还原苏州园林的肌理、尺度与空间感知，从而使建筑的形态成为最弱化的部分。我们期待的这块场地既是文化展示的容器，又是文化体验的空间，也将是文化创作的土壤与源泉。本次联合设计实现了思想的碰撞，是一次有趣的经历。

李嘉康

这次毕设的地址选在苏州，又拥有"琴棋书画"的主题，于是项目在最开始的概念阶段就确定了一点：处理新建筑与旧城区的关系，与苏州建筑文化进行对话。呼应旧的历史传统并不意味着必须照搬旧的建筑空间与样式，不意味着必须采用白墙黑瓦木架构的制式，但必须体现一定的在地性，让这个新的设计本身与城市背景、历史渊源相融合。我们在这样的命题背景和调研思考之上，形成了"寄情山水，归隐田居"的设计精神。根据任务书的要求，我们营造出彼此独立又相互联系、各有主题的四个合院建筑群，并配以其他的辅助建筑和中央水系景观。建筑的体量也从苏式建筑演变而来，在坡屋顶外还伸出了丰富的样式和空间，如同山峦起伏，行进路线百转千回，彼此渗透，构成了一定的诗意与趣味，从而提升了民宿的居住品质。整个毕业设计的完成使我们对于传统建筑的传承和新技术的使用以及建筑的抒情性有了更全面的思考。

都乐琳

苏州——一座历史文化名城，带有江南水乡独特的文化气质。本次毕业设计的主题是苏州古城 25 号街坊"琴棋书画"精品民宿建筑及城市设计。苏州古城区是当下保存较为完善的古代城市设计，保持着古代"水陆并行、河街相邻"的双棋盘格局、"三纵三横一环"的河道水系格局。然而在当下城市发展的进程中，这样的旧格局保存却是有利有弊的。如何处理旧城区窄小的交通体系与如今宽大的交通体系需求之间的矛盾是一个重要的问题。本次也是以民宿为主题的设计。说起民宿，大多数人都会想起老建筑、老建筑风貌。但其实，城市是会发生改变的，尤其在一个旧建筑群里，一味地仿古并不是一个好选择。保留古建筑的一些主要特征，用现代手法去诠释，将是本次设计的主体。这次设计用了一种现代的手法去诠释苏州古建筑，并且在城市角度上做出了一些改变。

刘玉杰

在这次联合毕设的过程中，我学到了很多。本次联合毕设的场地选在了苏州古城区 25 号街坊，作为苏大的学生，自然对苏州的历史和文化有更多的了解和研究。但是在这次的毕业设计中，我也学到了其他学校的同学分析和解剖苏州古城区的方法。在中期答辩和最终答辩的过程中，三个学校的老师对我们的设计提出了不同的建议，这些指导让我受益匪浅。这是一次学识与智慧的碰撞。除此以外，中期答辩在厦门大学，终期汇报在青岛理工大学，在汇报之余，我还在两个城市考察了一番。在考察的过程中，我对不同地域的建筑有了更多的了解和认知。最后一点就是，在整个过程中，我还收获了友谊。在与其他学校老师和同学交流的过程中，我们也成了好朋友。这些都是我参加此次联合毕业设计的收获。

凌 泽

大学五年，随着自己对建筑的不断深入学习和对苏州这个城市的深入研究，我逐渐发现苏州是建筑学在时代背景下的一个重要研究对象。苏州是一个新旧交织的城市，它的一面是引入新加坡模式的工业园区，最新的建筑理念与技术源源不断；另一面是有着悠久历史的古城区。古城区如何与新城区呼应，如何通过建筑学的手法让古城区以点带面实现整体的活性化，是这次方案着重探讨的问题。

民宿在当下很风靡，它是一个让旁观者了解一个城市的很好介质。本次设计的出发点是苏州独有的江南园林文化，在民宿的总体规划上，融入园林的聚散与抑扬，便是苏州特有的建筑语言。除此之外，针对建筑单体，本次方案在满足限定高度的基础上，利用最新的技术，打破了传统苏式屋顶双剖顶的刻板印象。在满足实用功能与技术可达性的基础上，剖屋顶语言的转译与创新也是本次方案中的亮点。

权文慧

首先感谢申绍杰老师和张靓老师一直的陪伴与支持，以及三校老师们的宝贵意见和点评。两个月的设计，一次次的评图让我理解了什么叫"argument"。对于同一个方案，不同的人会有不一样的解读，正是因为有这样的不同，设计才变得有意思。同时，做设计一定要有自己的想法，并且要非常努力地坚持下去。通过这个作业，真的十分感谢申老师一步步引领我和小伙伴们摈弃杂念，专心致志地把设计中的一些要点做好。这个方案考虑了场地作为城市公园与城市公共空间的关系，却也缺了一些对于周围场地尺度的合理化考量，希望在以后的设计中能够更进一步地考虑建筑与场地的对话。理性和感性都是设计不可或缺的部分，在设计的时候，多问几个"为什么"，或许能帮助我们找到方向。遗憾的是，很难把所有方面都考虑到，我们在坚持一些东西的同时，也失去了一些东西。这次设计使我认识到了自身的不足，也激励着我不断地充实自己，不断地去思考、去学习。

杨 琼

经过这几个月的努力，我们的毕业设计也画上了圆满的句号。毕业设计是我们学业生涯的最后一个环节，不仅是对所学基础知识和专业知识的一种综合应用，更是对我们所学知识的一种检测与丰富，是一种综合的再学习、再提高的过程，这一过程也是对我们学习能力、独立思考能力及工作能力的一个培养。我认为，毕业设计能培养我们的科学研究能力，使我们初步掌握进行科学研究的基本程序和方法。我们大学生毕业后，不论从事何种工作，都必须具有一定的提出问题、分析问题和解决问题的能力。作为当代大学生，我们应该具有开拓精神，既有较扎实的基础知识和专业知识，又能发挥无限的创造力，不断解决实际工作中出现的新问题。在此感谢我的指导老师申绍杰老师对我的悉心指导，感谢老师给我的帮助。我很幸运可以跟其他学校的同学一起进行毕业设计，不同的学校各有各的优势，这样的活动有利于我们在相互交流中查漏补缺，对标学习，不断进步。

厦门大学

陈咏雯

有幸参加本次三校联合毕业设计，在这一学期的过程中，我学到了许多。首先，早在毕设选题公布之时，我便在茫茫课题中关注到了本次的联合毕业设计——苏州精品民宿设计。该设计选址在古城区内，场地位置非常敏感，结合苏州特有的文化底蕴，我感到一丝兴奋和挑战，于是毫不犹豫地选定了这个课题。前期调研与规划阶段，三校同学齐聚苏州大学，共同开题并前往场地进行调研。在短暂的相处中，我们感受到了苏大建筑系的师生们作为东道主的热情与周到，他们不仅为我们提供调研设备，还安排了苏州特色建筑之旅，让我们在学术之余也很好地体验到了当地的特色文化。中期汇报定于厦门大学，三校同学在厦门对自己的设计理念进行了解读并相互交流，思想碰撞，百花齐放。最终的答辩地点定于青岛理工大学，我们在青岛这座美丽的城市齐聚一堂，将自己的设计方案毫无保留地展示出来，大家在汇报与倾听的过程中相互促进、共同成长。

感谢这次的联合毕业设计，它让我有了更多与别的学校的老师及同学交流的机会，也让我感受到了不同地区不同文化环境下建筑理念的多样性。

黄佳焱

圣诞前夕，收到林老师发来的要求："关于毕业设计，写写感言。"恍惚间，毕设那段时光又在脑海里盘旋，挥之不去。苏州民宿设计是一个很有意思也很具挑战性的题目，苏州的小桥流水、青瓦白墙，苏式的吴侬软语、细雨微凉，着实令人着迷。而毕业设计的过程，就是自己和苏州的一场邂逅：了解苏州建筑与园林的历史文脉，体味苏式生活的独特风韵，探寻苏州街巷的人情故事，然后，尝试从中抽出一条线，并将它和自己的设计串联，见证建筑的一次重新生长与自由蔓延，也是和自己大学本科生涯的一次和解……写这段文字的时候，正在北方的冬日里，望着办公桌前的工作，才发现：哦，原来，不久前这次的毕业设计，已经是学生时代的最后一个作业了。那就让它继续伴随着和师长队友日日夜夜的交流碰撞，伴随着三所学校一起发生的美好回忆，永远留在那个时刻吧……

解麒华

在整理课程成果的时候，我仿佛又重新经历了毕业设计，很难想象我们从一开始的一知半解、毫无头绪到后来有了这些成果所经历了什么。这次联合设计不单单是设计一个民宿，我们更是在设计的过程中对琴、棋、书、画的本源，对苏州的园林、民居形态以及它们如何能够与新时代的建筑设计结合做了很多研究，这个过程是有趣的，我们也收获颇多。我们从民宿的理念出发，认为民宿不同于传统意义的酒店或旅馆，其根本在于"体验"二字，民宿的灵魂在于人情味，旅客入住民宿更多的是出于对当地生活的一种探究式的向往，我看重的是其中的意境，所以我们希望在设计中也能给人们带来多样的游走体验。

特别感谢此次指导老师林育欣和严何老师对我们的帮助，两位老师都特别认真负责，很耐心地跟我们讨论，给我们启发，让我们在本科阶段最后一个课程设计中收获良多，给五年的建筑学习画上还算圆满的句号。感谢我的队友，虽然过程中有意见不一致的时候，但也正是这激发了更多的灵感与讨论。很荣幸能够参加这次联合毕业设计，与三校的师生一起探讨设计，相互学习，是一次很难忘的经历。

时润泽

3个城市，3所院校，8个人的小分队，30个人的大家庭，近百天的调研、分析、设计和成图，我从没有想到自己的本科阶段会以如此幸运的方式结束，2018年的三校联合毕业设计给我五年的学习画了一个圆满的句号。苏州的调研之行，厦门中期答辩的相聚，以及青岛最终答辩的再会，使得三个城市彼此串联，留在了我们最珍贵的记忆深处。苏州民居的古朴宁静，鼓浪屿上的文艺清新，青岛城市街道中的穿行，都为这次的毕业设计增添了一份独特的意味，也孕育出了三校师生的别样风采。感谢林育欣老师、严何老师的耐心指导和教学，感谢与佳焱结下的革命友谊，感谢所有小伙伴的陪伴和温暖，也感谢每个学校老师和同学们的付出。当我们翻开老旧的照片时，拥抱着大笑的我们会看到自己最美的模样。我相信，未来的联合毕设会越来越好，我们每个人的前途将充满光明。

王丹健

苏州是一个神奇的地方，当你抱着游历探索的心态来到这座城市，你会发现，苏州给你留下的印象可能有些单薄。你可能会侃侃而谈，觉得你对苏州已经了如指掌，苏州不过是园林、是水乡、是几个词语罢了。你可能会觉得，苏州已经简单地在你心中化为一些符号化的东西。在我看来，苏州真正给我们的感觉是无法刻意去感受的。当我们放弃去归纳它、去研究它，而真正地停下脚步，去体验街道中的苏州生活的时候，我们才能真正离苏州更近一步。

有幸，我们三个学校的同学能够共同参与苏州精品民宿设计这个课题。我想，这个民宿空间的设计也许能够让游客体验苏州生活成为可能。在课题中，我们穿梭在苏州的大街小巷之中，试着去感受苏州传统生活，也试着去体验苏州的新文化。在最后，我们都交上了较为满意的答卷。这次与同学们的邂逅，与苏州的邂逅，会成为我们一生宝贵的回忆。

徐琳茜

苏州，一直是我特别喜欢的一个城市。这次能有幸参加三校联合毕业设计并在苏州选址进行设计，苏州之于我，又多了一丝联系。由于场地在苏州老城区的中心地带，且周边分布有许多园林，设计之初我便想对园林有一次新的诠释。对于参观者来说，山水风景当然美丽，但对于居住者来说，内在的气氛和活动才是核心，于是在此次设计中便有了对园林层次的现代转译。我们不是要做一个模仿的园林，而是要用现代化的语言和材料对苏州园林多层次的空间和雅致的活动氛围进行重现，通过"居""游""听""品""赏"五个层次的设置，让来到民宿的"体验者"既可以享受现代化的便捷，也能体会到苏州人特有的雅致文化。在设计过程中，我们分别在三个学校进行了三次交流，也参观了友校的作品，深深意识到了自己的不足和需要改进的方面，这对我日后的学习深造有很好的启发作用。真的很感谢，也希望之后能有更多交流的机会。

周思源

"君到姑苏见，人家尽枕河。"苏州真的太美，文化底蕴深厚，毕业设计能在苏州做一个民宿，让我觉得自己很幸运。很感谢我的指导老师和我的小伙伴们，特别感谢与我并肩作战的partner，我们携手共同呈现了这样一份作品。我们在苏州驻足了很久，走读城市，在平江路上过了元宵节，还路遇过穿汉服的老外，让我觉得中国美是可以走出中国的，我们需要更好的表达方式。平江四美与观前三少和女神，每天在苏州逛街的我们试图融入这样的生活，听不懂苏州评弹的我们坐在台下，身边的阿姨自带茶叶瓜子，这里有免费热水提供，热心的阿姨还要给我翻译评弹的意思，宁波的小伙伴说她大概可以听懂一半。在苏州园林里，我常有穿越感——才子佳人的故事是否继续上演？去青岛中期答辩前，小伙伴们在机场睡成一片，我也偷拍。有欢笑，有收获，我的毕业设计几乎每天都超开心，感谢。

李明阳

毕业半年后再来回顾毕业设计，除了总结外也想到一些新的东西。首先，苏州是一个有深厚文化底蕴的城市，设计基地又位于怡园附近，这就要求我们对城市传统特别是园林文化做适当的考虑。对设计要求中提到的"琴棋书画"主题，更适合以建筑空间而非构图或其他手法的阐释予以回应。上述两点是整个设计过程中的难点。此外，民宿这类居住建筑设计对于尺度的把握非常重要，也是对设计者基本功的考验。经过前期的资料研究和现场调研，我脑中有了初步的构想，其中受一本分析苏州园林宅园关系的图书启发最大。园林是一种自由布局的居住空间，造园受画论和文艺批评影响最甚，因而看似是一种无规律可循、基于设计者奇思妙想的创造活动，但是通过宅、园两部分空间和形态构成的分析，可以总结出造园的基本手法，再结合民宿的单元式空间特点，便有了"模块化宅园"的概念。

其实，当时的急促、慌张让我忽略了一些重要的点，比如，对空间形态的操作方法，点、线、面这些构成要素的运用等。如果不囿于"琴棋书画"的具象含义而更关注于空间本身的性格塑造，可能会有不一样的传统转化的尝试。

青岛理工大学

李 华

很荣幸参加苏州大学联合两个学校组织的毕业设计。在这期间，老师们给了我们公正客观的评价和指导，并且让我们知道了和其他学校同学相比某些方面的差距和不足，而且多个学校间同学的交流也拓宽了自己对于建筑的认知和眼界。除此之外，联合毕业设计的开题、中期和后期汇报分别在十分有特点的城市举行，为我们了解不同城市的城市设计和建筑设计提供了很好的学习和调研机会。本次设计的主题是"苏州古城 25 号街坊'琴棋书画'精品民宿建筑及城市设计"，是关于新旧建筑融合的一个很好的课题，引发了我们对新旧建筑如何交互和融合的思考与探索，也使我们对有特色的传统古镇和古城有了一定的了解和思考，对我们以后的建筑设计和建筑研究有深刻的影响。

齐 硕

大学五年，能够参加此次三校联合毕业设计，对我整个本科的学习有着重大的意义。首先，非常感谢学校为我们提供这样一个平台，让我们有机会和苏州大学、厦门大学的同学进行交流切磋，让我们学习到了老师和同学对待方案的认真态度和不同的设计思路。其次，在联合设计阶段，我们有幸到苏州、厦门进行实地的调研学习，亲临设计场地，与当地居民面对面地交流，深入了解当地文化，这是非常难得的学习机会，也为我们的方案设计做了重要的铺垫。最后，三校联合设计也再一次锻炼了我对时间以及方案进度的把握能力，任务重、时间紧，整个过程十分的充实而有意义，为我的本科生涯画上了圆满的句号。在今后的学习工作中，这段经历也会影响我对设计的思考与态度。

宋 易

三校联合毕业设计给了我宝贵的学习交流机会，使我能够与优秀的老师和同学共同探讨建筑以及规划，研究建筑群体在苏州老城中面临的问题。在敏感的老城地块做民宿建筑设计是一个比较难的命题，要找到平衡点和主要矛盾，既不能破坏老城肌理又要在现有的基础上有所发展。三校同学对此有着不同的理解，于是产生了很多有趣的优秀方案，这使我学到了很多。此次联合设计收获颇丰！

唐天阳

很高兴能参加这次的联合毕业设计，这项活动使我认识了很多来自不同学校的新朋友；也非常感谢我们抵达苏州与厦门时两校老师与同学对我们的热情款待。

这次的设计场地在苏州古城区内，是我们很少接触到的设计环境与场地。这对我来说很新颖，但我也遇到了许多困难。在调研与两次答辩过程中，其他学校的老师对我们的设计给予了很多的建议和帮助。通过这次的联合设计，我接触到许多不同的设计思路。每个学校的同学在进行设计时都有不同的思考方式，擦出了许多火花。三个学校的老师也从不同的方面对大家的方案进行了点评和指导，使我们的设计考虑得更加全面，有了一个更高的维度。在汇报的过程中，其他同学的想法也给我的设计提供了一些新的思路。最终三个学校同学在相互帮助、相互督促下都完成了比较满意的设计。我觉得这就是这次联合设计的初衷吧。再次感谢三校联合毕业设计，为我的大学本科画上了圆满的句号。

王雪健

这次联合毕业设计作为大学五年的最后一次设计作业，实在是既难得又难忘。在这次的设计中我认识了苏大和厦大的许多新朋友，也得到了两个学校老师的帮助。

这次的设计场地位于苏州古城区，在这个全新的文化氛围中进行设计对于我来说也是一次全新的挑战。在跟苏州大学、厦门大学的同学进行交流的过程中，我学习了他们在设计时的很多思路和方法，了解到了不同学校之间的优势，也看到了自己身上的不足。在一次次的评图汇报过程中，我看到了苏大同学大胆的思维，也看到了厦大同学对于不同设计手法的熟练掌握。在两次答辩中，苏大和厦大的老师给予我们的设计提供了许多新的思路。这样不同的设计思想的碰撞，让我们的设计可以更加全面和深入。以这样三校交流的形式来结束本科阶段的学习生活，和不同学校的同学取长补短、共同进步，也为我毕业以后的学习和设计提供了更大的动力。

吴文珂

通过参加此次由苏州大学、厦门大学和青岛理工大学举办的首届联合毕业设计，我对民宿精品酒店类建筑设计有了一定的认识和了解，同时也从一位建筑师的角度认识了苏州这座美丽的城市。随着大众消费水平的提高，民宿作为一种新型的旅游住宿业态，引起了世界各地建筑师的关注。

在我看来，项目基地选在苏州古城区内，是此次设计最大的一个挑战。在设计过程中，我们克服了种种困难。从最初的概念生成、城市设计到最后的单体设计，每一步都在思考如何回应苏州古老的历史文化，用现代建筑传承中国优秀传统建筑的精髓。苏州传统街巷和经典园林是我的突破点，我将两者有机结合，形成最终的方案。传统与现代是建筑学永恒的课题，人们总是在传统的基础上不断进步、发生思想碰撞。很高兴自己能够有这样的尝试机会，也希望在今后的工作和学习中能够继续保有对建筑设计的热情。

张祥麟

这次三校联合毕业设计，使我们有机会与苏州大学、厦门大学的同学一起调研、一起交流。不同于其他设计，联合设计带给我的不仅是与不同学校同学进行交流的机会，更重要的是在交流中体会不同学校的教学模式差异及由此形成的思考问题的方式。随之而来的是不同学校学生成果的风格差异与侧重点的不同，这是一个非常有意思的事情，也让我的思考变得更广阔，并产生了许多对之前固有认知的冲击，使我印象深刻。

总而言之，这次毕业设计是对我大学几年知识水平和设计能力、思维能力等的综合性考察。这个过程让我受益匪浅，也取得了比较不错的成果，相信这些努力对我今后的工作和生活都会有很大的帮助。

后记

期许·交流·拓展
——苏州大学、厦门大学、青岛理工大学建筑学专业联合毕业设计带队感言

　　联合毕业设计是一个充满期许而又富有挑战的活动。期许在于：将面对什么样的环境、城市和问题？会遇到哪些新同学和老师？将会有哪些沟通和交流？会得到哪些批评和褒奖？……挑战在于：如何共同协调题目、时间、进度与标准？如何表现自己的长处及最好的一面，又如何学到别人的特色和优点？就在这样的期许中，第一届东部三校联合毕业设计开始了。作为主办方，苏州大学设置的题目是"苏州古城25号街坊'琴棋书画'精品民宿建筑及城市设计"。

　　苏州开题、厦门中期、青岛答辩。紧锣密鼓的毕业设计就开始了，在苏州，我们为接待客人做好了准备工作；在厦门、青岛，我们也好好享受了一番"客人"的待遇。交流和友谊，也伴随着工作进程发芽、生长。

　　一路下来，师生们付出了不少精力和汗水，我和张靓记得在去厦门的路上，同学们在动车上熬夜做中期汇报的PPT；在到达青岛的一大早，同学们就奔到当地的打印店，去打印昨夜刚刚邮件提交的方案……厦门大学学生汇报中的缜密和严谨、青岛理工大学学生作业的扎实和丰满、苏州大学学生捍卫方案的自信，给大家留下了深刻的印象。

　　短短的两个多月，忙碌且辛苦，然而收获更多。大家一起领略了苏州、厦门、青岛三个城市之美，领略了三个校园之美，领略了三个学院之美。我们看到了学生精彩纷呈的展示，听到了老师睿智精准的点评，感受到了毕业设计的特色和差异，了解了长处和不足……大家的视野在不知不觉中拓宽、趋远……

　　就在我写感言的时候，长安大学加入了第二届联合毕业设计，这更让我对联合毕业设计的未来充满了信心，衷心祝愿联合毕业设计越办越好。

苏州大学金螳螂建筑学院

建筑系主任　申绍杰

2019年1月12日